教育叢書07

我帶孩子的經驗

枳　園◎著

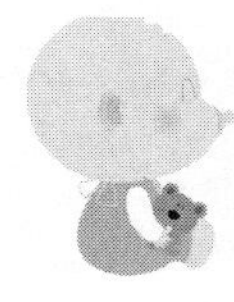

前言

我不是心理學家，也不是教育家，只不過是個曾看過一些並譯過幾本有關兒童教養方面的書籍的母親，而孩子尚在成長中，他將來會成長爲一個健康、快樂、而又充分發揮出其潛能的成人嗎？還在未知中。在這裡，我記敘的是我的閱讀心得，也是我自己帶孩子的經驗，希望對即將做母親或初做母親的你，能收些微借鏡之益。

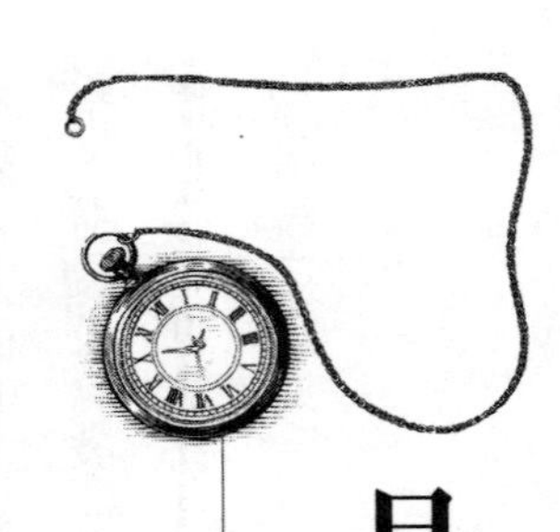

目錄

前言 3
一、播種 11
二、孕育 13
三、為出生作準備 20
四、孩子出生時可能遇到的問題 24
要不要指定醫生？ 24
如果孩子過了預產期很久還不生，怎樣辦？ 26

何時去醫院？ 26
何時出院？ 27

五、從醫院回家後必須考慮的幾個問題 29

要不要自己餵奶？ 29
吃什麼牌子的奶粉？ 31
餵奶要不要按時？ 32
夜裡餵不餵奶？ 33
奶瓶要不要煮？ 33
給他吃奶嘴不？ 34
該看些什麼書？ 35
怎樣睡？伏著還是仰著？ 36
要不要睡枕頭？ 38
單獨睡，還是睡在身邊？ 38
夜裡不睡怎麼辦？ 39
尿布怎樣處理？ 40
要看哪一位醫生？ 41

該備些什麼藥物？ 43
要不要繼續上班？ 44
請傭人還是托兒？ 46
生產後的調養 47
六、孩子的營養 51
錯誤的營養觀 51
奶粉之外的營養品 54
吃不吃零食？ 58
要不要餵飯？ 59
孩子太愛吃怎麼辦？ 61
七、孩子的衣著 64
八、孩子的安全 69
九、孩子的玩具 77
該買怎樣的玩具 77
廢物為玩具 82
畫具為玩具 83

書籍爲玩具 85
唱機爲玩具 100
自然爲玩具 102
父母爲玩具 104
小動物爲玩具 106
運動器材爲玩具 108

十、孩子的管教 110
愛是管教的大前提 112
過寬優於過嚴 116
教孩子自律重於一切 119
書籍是最好的管教工具 121
及早採用有效的方法 122

十一、智力的啓發 126
以愛撫啓發 127
以語言啓發 128
以玩具啓發 129

以自由活動啓發 131
以玩伴啓發 132
以圖書啓發 133

十二、孩子的學業 138
智力的啓發奠定領先的基礎 139
課外讀物是有力助手 142
讓他自己走才是久遠之計 146
養成溫習功課的習慣 149
不做考前測驗 152
不採用參考書 155

十三、幫助孩子解決學業上的困難 159
讀書環境怎樣？ 159
不因成績不理想處罰孩子 162
生活起居怎樣？ 164
讀書方法怎樣？ 169
讀書的動機怎樣？ 172

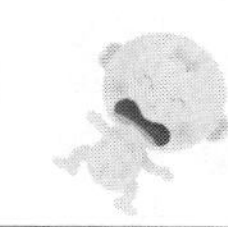

爲什麼要讀書？ 172

你自己的言行怎樣？ 174

自我意象怎樣？ 176

家庭教師與補習班 177

暑期活動 179

聰明的孩子需要正常的教學 181

影響怎樣？ 183

劣等生需要影響力 184

十四、當孩子完全放棄時 186

使母親傷心的優等生 188

涵兒的數學 192

怎樣才是有力的援手？ 195

十五、防止孩子走歪路 201

十六、留心太用功的孩子 206

十七、與反抗期的孩子相處 209

容忍頂撞的言行 210

小事情不要太堅持 212
服飾 214
抽煙 215
交異性朋友 216
十八、孩子的才藝教育 221
鋼琴 221
繪畫 226
寫作 228
其他 233
十九、快樂的成長 235

一　播種

如果把孩子的成長比喻作植物的生長的話，談論孩子的教養似乎該從播種談起。

首先，你們希望有孩子嗎？你的健康情況適合有孩子嗎？對孩子出世後的種種已有妥善的安排了嗎？在這裡我所謂的妥善安排並不是指尿布、奶瓶這些的，而是你的職業問題、看顧孩子的責任等。

如果你們已經結婚一年以上，彼此在生活上已有了相當的適應；你的健康情況很好，不是事業心特別強，玩性也不特別重，待小生命出世後，不會覺得他是

綁住你的手腳，使你沒法走到自己的標的的障礙物，不會視之爲拖住你，纏住你，使你沒法享受美好人生的絆腳石，而會心甘情願地把時間與精力分給他，讓給他，送給他；而對你的職業問題、孩子的照顧問題也胸有成竹地早作了妥善的安排；這就行了，雖然孩子的降臨仍然會帶給你手忙腳亂，會使你遇到一些實際上的困難與挫折，你已經對「有一個孩子」有了相當的準備了。

其他，一些不太可靠，可是也有著相當的科學根據的說法順便寫下來，以作參考：

一、排卵期以前受精的嬰孩女性較多，排卵期以後受精的嬰孩多男性。

二、冬季出生的嬰孩比較容易照顧、發育較快，而母親也比較不易因疏忽而導致風濕痛、頭痛等宿疾。

三、四月份出生的科學家很多。

二　孕育

當每月必來造訪的「好朋友」逾期沒來時，很可能就是懷孕了，不過，先別急著跑婦產科醫院，因爲產科的產前檢查要從第三個月開始，而逾期十幾天即使是作青蛙試驗也不太準確。所以如果沒有別的病徵，到「好朋友」有兩次失信再去醫院作確定性的檢查並不遲。

在這段時期最要緊的是小心流產，許多初次懷孕的年輕新娘，過去生活中既沒有親友發生過類似的情況，又沒想到買點有關的書籍來看看，明明知道自己體內已孕育著一顆種子，卻忘記了該小心照顧，結果種子還未萌發就流產。一次的徒勞還是小事，導致了習慣性的流產麻煩就大了。

該如何小心呢？

一、不要提重的東西。

二、不要把手舉得很高。

三、不要跑跑跳跳。

四、不要坐車經過不平的道路。

五、不要作劇烈的運動。

在我的熟人中，有一位是在乘車從陽明山至金山遊玩之後流掉，一位是坐公車經過一段被挖掘得千瘡百孔的道路，車子一顛之後就開始流血，一位是跟個子很高的丈夫搶一個玉米，手伸得過高……。

不要說：「有些窮苦人家，操勞終日，產前還挑重物，還不是一個連一個地生！」環境不同，體質不同，同樣的情況有些人不覺得什麼，有些人卻會導致不幸，所以在可能範圍之內，小心一點總是好的。

在都市裡的職業婦女最該注意的就是乘坐公共汽車：看到車子要開了就讓它開走，不要跑幾步追趕，如果怕遲到，早一點出門；既然出門遲了，那就別把遲到看得那麼重。

上了車，先把住門口的支柱，再慢慢找座位，發現有座位也要待車停穩之後再去坐；如果沒座位，就站在那裡好了，雖然擁立車門討人厭，可是為了腹中種子的安全，也只好認了。吊公共汽車是最危險的了。

在家裡，像提重物、往高處搆東西、掛東西、抱小孩、摔跤等也都是具危險性的動作，應該避免。

在五個月之前不作產科檢查的原因可能也與安全有關。當然，你應該去看醫生，不過，多花點錢作化學性的化驗來確定是否懷孕了該是最保險的辦法。

當你已確知已懷孕，卻又發現下體流血時，事情就不太妙了，別猶豫，莫等待，不要到附近的小婦產科診所去求救，他們會給你作不必要的檢查，讓你回家靜養，而在這種往返上下車、上下床的活動中，流血的症狀很可能更加劇了，保留住的希望就更減弱了。趕快到你打算在那裡生產的醫院，他們會採取有效的方法來挽救你那未成形的孩子的，萬一挽救無望，他們也會利用他們完善的設備使你的流產安全而不遺後患。

不過，也請千萬別小心過分，在正常的情況下，正常的工作、適當的活動不

但沒有關係，而且是必要的，「過猶不及」在這裡也適用，如果小心過分，這也不敢，那也不敢，偶一不留神，本來無所謂的活動可能就導致了意外，豈不反而是被小心害了。

懷孕到四個月後，流產的可能性就減低了，如果你會「害」孩子，也該「害」過去了。行動不那樣受限制了，胃口好了，你會突然覺得日子好過起來。——正好，是開始為孩子的教養下工夫的時候了。

你聽說過在這時期多看漂亮娃娃孩子會漂亮，多聽優美音樂孩子性情會柔和嗎？你見過有些孕婦滿臥室裡貼了胖胖的、笑笑的、可愛的洋娃娃圖片，整天關在室內聽音樂嗎？並不是沒有道理，不過應該解釋得更廣更深一點。——保持平靜愉快的心情，多接觸美好的事物，對胎兒應該有影響。

所以讓你所加意欣賞的不僅限於美的娃娃吧！美的圖畫、美的景色、美的樂章、美的詩篇、美的故事、美的衣物……生活中在在都是美好的事物，不過最主要的：需要你懷著愉悅的心情去採擷。

穿著色彩亮麗、剪裁新穎的孕婦裝，坐在布置高雅的客廳裡，翻著藝術畫冊，聆聽優美的樂曲是理想的情景；穿件寬鬆的襯衣，閒適地在鄉間小徑上觀賞朝日，細察草葉上的露珠、傾聽樹叢中的鳥鳴蟲叫不也是美的享受？如果你必須上班，回家又要忙家事，可是你在辦公室裡和同事愉快地談笑，在廚房裡炒出一盤色香味俱全的佳餚，晚上又抽暇讀一首小詩，然後愉快地入睡，豈不同樣美好？

還有，你知道保持心情愉悅的秘訣嗎？對別人不要企盼太多的關懷，不要嬌縱自己，覺得該像皇后似地被他或他的家人捧著、伺候著。因爲這樣一來，你必然會發現有不週處，心裡必然會生不滿，覺委屈，愉悅就沒容身之處了，而只知道要求又愛發脾氣的人，給人的感受又怎樣呢？

在營養方面通常有兩種情形，趨兩極端的情形：在「一人吃兩人補」的藉口下，大飽口福；在減低生產的痛苦的顧慮下，什麼都不敢吃。

第一種情形，本人很可能原就好吃，又有個愛孫子、不怕麻煩的婆婆，於是每天雞鴨魚肉、這種補品、那種點心的不停地供應。其實，胎兒所需的營養是靠孕婦供應不錯，像一般中上家庭的伙食，稍微加一點必須的維他命、礦物質應該就夠了。

第二種情形，本人可能是較晚結婚，頭胎年齡較大，於是心存恐懼。可是，

在醫學昌明的現代，實在是多此一慮。大不了開刀，對不？有些愛漂亮的摩登小姐不是自願選擇這種方式嗎？再說，如果只顧到自己的安全與痛苦，讓孩子先天不足，帶起來就更吃力更麻煩了，其實，胎兒所需的營養是構成骨骼、各器官的蛋白質、礦物質及維他命，脂肪澱粉少吃點，就可避免胎兒過大了。

至於孕婦究竟該吃些什麼？該注意些什麼？最好還是買一本「女性寶鑑」、「孕婦須知」之類的書籍來看看，市面上書店裡都可以找得到，當然越新的版本越好，不過都差不到哪裡去，看了也只能作個參考。請教醫生當然也好，不過，我總覺得現代的醫生總是太忙，沒有時間把你該注意的事統統告訴你，你問兩樣回答你一樣，又總是那樣模模糊糊，又好像都是不必問的無關緊要的事。

在這裡暫且列出幾樣道聽塗說、憑經驗覺得很有道理的孕婦食品供參考：

一、豆漿可以使孩子皮膚白皙。（其實牛奶也該有同樣效果，不只對皮膚好，因爲蛋白質是身體構造的主要成分，包括大腦在內。）

二、維他命B可使孩子聰明。（也是身體所需的主要營養。）

三、維他命C也可使皮膚白皙。（各種水果要多吃）

四、鈣質吃太少不僅孩子骨骼不健康，母親牙齒也會壞。

五、肝能補血。

由於人的食量有限，單單自然食物也許不夠，因此加一種爲孕婦製造的補品是必要的，不過最好請醫生開方。

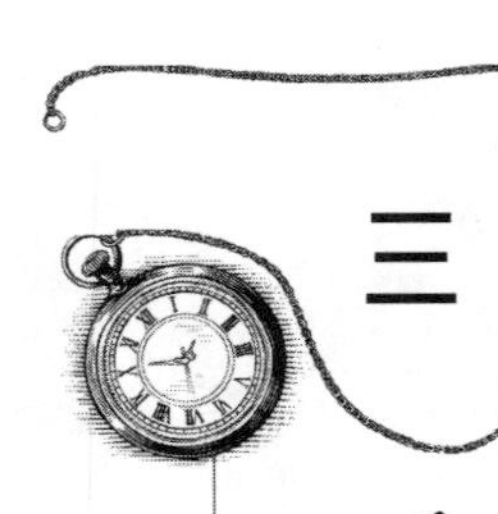

三 爲出生作準備

你的肚子一天一天地大起來，行動一天比一天不方便，是該爲孩子的出生作準備的時候了。

首先，你有沒有持續你每天散步的習慣？如果你在上班，辦公室又在家附近，不妨走路上下班，如果辦公室離家較遠，可以走一段路再搭車；如果沒有上班，就更需要注意了。不要說，家住人口密集的市區，出門就是街道，到哪裡去散步？大街上走走也能收散步之效，夜深人靜的小巷中更具情調；如果你住四層公寓，時常藉一點小事上下樓也是運動；陰雨天氣，在客廳裡圍著飯桌茶几走幾

圈，廚房、飯廳、洗澡間多走幾次……。散步的場地與機會俯拾即是，好好把握住，因爲運動是使生產順利的先決條件。

在這時期的你，很可能由於行動不便容易疲倦，不但坐下來不願起來，而且有空就想躺下。當然，不能太勞累。不過，坐太久對胎兒是不好的。所以電影最好少看，（黑漆漆的電影院也比較容易發生失足的事）上班跟看電視時隔一個小時半個小時就起來走動一下，在家裡不妨採取腳蹺起的半臥姿態。

許多年輕的準媽媽，在這時多會買來淺黃淡藍的毛線，爲孩子編織小衣服了。這的確是幅極美的畫面，而當你手裡拿著輕軟的毛線編織時，心中必定充滿了愛與夢。編織吧！雖然編織出的小衣服或斗篷很可能只派上幾次用場，單單這情調就值得了。

除了編織，大多數年輕的準媽媽還喜歡逛嬰兒用品公司，面對那些美麗可愛的洋娃娃用品眞是這也喜歡那也想買。在這裡容我給你幾個選擇的原則：

一、自己的經濟能力。有同樣實用價值的國產品，雖然樣式色彩差一點，價錢可便宜得多。

二、有一些用品雖好看卻並不必需。

三、嬰兒長得很快，東西不要買太多。像外出的服裝。

四、嬰兒最需要的衣物是棉織品的內衣，選擇內衣的原則是：短的比長的適用，開口的比圓領的方便。

嬰兒需要的東西實在很多，我建議你先去買一本施樸克博士著的《兒童保育常識》來看一看。這本美國的暢銷書的中譯本在台灣也印了不知多少版了，現在有各種不同出版社的版本，內容是討論照顧一個孩子所可能遇到的各種問題，連尿布的摺法、溫度的量法、奶嘴上的洞洞的扎法都寫得清清楚楚，也包括了該給孩子買些什麼衣物。當然，他是以美國孩子美國家庭為對象的，其中有些可能不合我們的生活習慣與條件，那還得靠你的取捨與靈活運用了。

幾樣該書沒有提到的列出來供參考：

一、小床買大一點的可用久一點，籐製的比鐵製的安全，有一種床面可以放高放低的還可作遊戲欄用。

二、現在市面上有一種長型的嬰兒浴盆，美觀、省水、又耐用。

三、以絨布做成的小方被柔軟、貼身、又溫暖，用來做包被很理想。

四、買現成的尿布當然好，別忘了舊汗衫、舊被單也是尿布的好材料，只是

不耐洗。

五、住在北部，電熱器也是必須的，特別是嚴冬出生的嬰兒，換衣服、換尿布烤一烤，洗澡穿衣時烤一烤，室內溫度太低烤一烤，都可減少感冒受涼的機會。還有，陰雨天氣，棉織品的內衣沒法晾乾，尿布更是不夠換，有了它，難題就可一烤而解了。

該買的都買回來了，該準備的都準備好了，是嗎？找個旅行袋或小箱子把住院要用的東西收拾一下吧！收拾時不要忘記了嬰兒出院時要穿的衣服、要用的尿布、要包的包被等。不要等到陣痛開始，手忙腳亂，結果住進醫院，這也沒有，那也忘記帶來，要他回家去拿吧，不是忘了就是找不到，結果，待出院時，你初生的孩子用塊破被單包回來，怨誰都沒有用了。

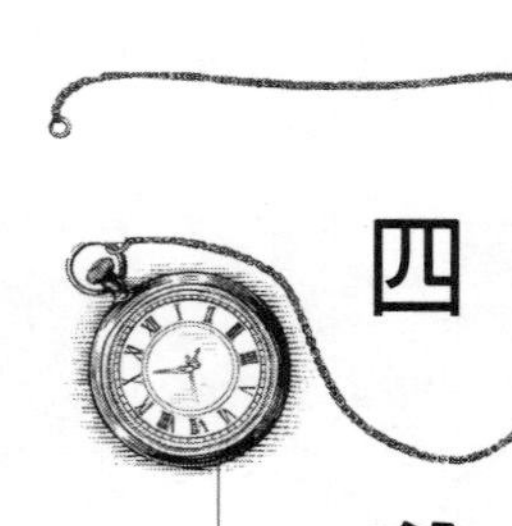

四 孩子出生時可能遇到的問題

去醫院不就結了？

眞的，孩子該出生了，到醫院去，醫生自會照顧，實在是再簡單不過的問題。不過，由於醫院裡有不負責任的情事發生，許多人就不敢採取這種全然信任的態度，於是就有了：

要不要指定醫生？

大部分生第一個孩子的母親都心存疑懼，多在大醫院裡指定醫師生產。被指定的醫師不用說是已不值班的主治醫師，這種醫師平日裡多是看婦科，有的經驗雖豐富可是手術已生疏，力氣也不太足了，指定時一定要打聽清楚。

指定醫師還有一個弊端，那就是被指定的醫師多不駐院，而護士不在緊要關頭不肯打電話通知，於是在待產這段時間只有護士在旁，使初次入產房的你不免覺得心慌焦急。尤其當你聽過「待指定的醫師進來，還沒來得及消毒，孩子已經生出來了」的傳說時，本來就難以忍受的陣痛，會像火似地燒著你的心。

假如不指定醫師，駐院醫師會不時地來看看問問，在心理上就安然得多。不過，如果遇到毫無經驗的生手怎樣辦？

如果遇到會把剪刀留在肚內的迷糊蛋怎樣辦？

各有弊端，抉擇權在你，自己斟酌著辦吧！

我自己的經驗：老大是指定了一位年紀還不老經驗卻相當豐富的醫師，他讓我嘗到了那種心慌焦灼的等待滋味，不過沒有在來不及時才來，一切都順利。老二沒有指定醫生，由駐院醫師接生，照顧得很好，處理得也沒出差錯，也是一切順利。

也許，正常的生產原就沒有什麼。不過，爲了防萬一，當然還是考慮週到點好。

如果孩子過了預產期很久還不生，怎麼辦？

當你焦急地往醫生那裡跑，醫生必定笑瞇瞇地說：「不要急，提早或延後三個星期都是正常的。」

既然醫生這樣說那還急什麼？記得，瓜熟蒂落，這是自然的法則，讓你的「果子」熟透了再降落吧！這樣反而有利於你的心理準備，因爲焦急的等待無形中減削了你對生產的痛苦的懼怕。

有的醫生可能不忍你那樣焦急，表示：「只要到期，可用催生法催生。」也許無礙，可是多等幾天又有何礙？隨其自然吧！

何時去醫院？

報章雜誌上常常見有小孩子生在去醫院的途中的新聞，雖然說小孩可獲終生免費坐車的優待，畢竟是太冒險太尷尬的事。

一般說來，頭生孩子比較慢，可是各人體質不同，還是一有跡象就送醫院比較保險。在我生老大時，白天裡有客人，下體濕濕的（羊水已破）卻沒在意，至夜晚開始陣痛，心想必不會那麼快，就一直拖著，企圖等到天亮，結果看看實在不能等下去了，覓車送至醫院時，下車後走路已不方便了。

二姐生老大時是什麼跡象也沒有就住進醫院去的，因爲預產期已到，而颱風將至，結果在颱風最劇烈的時候開始陣痛，而那次颱風還給她家帶來了不小的災害！

何時出院？

有的人是爲了經濟問題，有的人是爲了個人生活上的舒適，有時竟然在孩子出生僅兩三天就出院回家了，這對大人也許沒什麼關係，可是孩子呢？一個剛從溫暖安全的母體裡暴露到又是風又是雨又布滿塵埃細菌的世界上的脆弱生命，完

全交給你這既沒經過訓練又沒有足夠的知識的生手來照顧，想想就夠令人擔心的了。因此費用不夠也罷，家裡沒人照顧也罷，醫院裡人多太吵沒法入睡，即將過年等就更不用說了，都放開別管，爲了小寶寶的安全，也是爲了自己以後省事省錢，多住幾天院，至少一週，最好到嬰兒的臍帶掉了再回家。

五 從醫院回家後必須考慮的幾個問題

要不要自己餵奶？

其實這是個在孩子未出生前，至少在孩子出生後的一兩天內就該作決定的問題，因爲孩子出生後兩三天內，你就會有奶脹的現象了。

「吃母乳母奶是自然賜給嬰兒的食物，含有最適於嬰兒生長所需要的養分。的孩子不容易生病。」你有沒有聽人說過？不過。必須在母親健康情況良好的先決條件下，再加母親隨時注意自己的飲食才行。如果母親身體不夠健康，或是食

量太小，沒有足夠的奶水，自己餵奶對嬰兒就沒有什麼好處。

自己餵奶最須注意的是最初的發奶與日後的奶脹。老一輩的人對發奶多很內行，在她們腦中有一份發奶的食譜，都會奏效，比較傷腦筋的是奶水泉湧而至，初生嬰兒胃納太小吃不完，吃不完的奶水積在乳房內會導致奶脹，引起乳腺炎等症候。

我自己在生老大時，爲了孩子的健康，也是爲了節省開支，我決定自己餵奶。可是，沒有長輩向我提供發奶的食譜，醫院的伙食又不太好，奶水一直不來，也只好作罷。生老二時，鑑於生老大時的徒勞，一開始就請醫院裡給打了退奶針，結果待出院回家後，奶卻脹了起來，痛得要命，受了幾天的罪，花了不少錢，才算沒事。可是，有朋友丟給我一句話：「不餵奶容易生乳癌。」使我一顆心一直有點忐忑。

說來說去，決定權還是握在你手中，自己權衡輕重吧！其實孩子的健康與省錢這兩因素，倒不必重視。——吃奶粉的娃娃由於定時定量反而容易長得好，吃母乳雖不必花錢買奶粉，卻要買媽媽的補品，而且嬰兒在三四個月之後，單靠母乳營養就不夠了，到七八個月，母乳的營養價值就幾乎等於零了。

其實餵母乳最大的優點，還是當餵奶時，嬰兒安適地躺在媽媽懷裡，不僅飢腸獲得了滿足，媽媽懷抱的溫暖與媽媽的愛撫使那渴望著愛的小生命獲得了滿足。從現代兒童心理學的觀點來說，還是孩子生長的最最基本的營養，也是培育健康快樂的孩子的要素。不過，如果在餵牛奶時，也採用同樣姿勢，效果也是相同的。

吃什麼牌子的奶粉？

當你還在醫院裡躺在床上休養時，可能有些高級奶粉的推銷員已把你說服，使你決定「在別的方面節省點可以，寶寶一定要吃這種含有豐富維他命、性質近母乳、沖泡容易、又不必另加食品的高級奶粉！」

如果你的經濟情形非常寬裕，這決定是不錯。如果你只是「還過得去」，那在奶粉上賭這麼大的注就不算智舉了，你知道把一個孩子養大有太多地方，更重要的地方，需要用錢嗎？而高級奶粉與普通奶粉在效果上的差距可以以些微的不便、少許的麻煩就拉平了的。

我的兩個孩子都是吃普通牌子的嬰兒奶粉長大的。在開始時，有點便秘、多喝點蜂蜜水、開水，慢慢地就調整過來了。我參照施樸克博士的飲食配方爲他們加維他命、水果、固體食物，待六個月後就換了最大眾化的奶粉，孩子都長得健康、強壯，紅紅的面頰，紅紅的嘴唇，滿臉洋溢著快樂，渾身發放著精力，照相館的老闆娘看了老大半歲的照片問我是吃什麼牌子的奶粉，同事見了他之後，也放心地改用相同品牌。

有位同學，先生是留過美的醫生，她的孩子一生下來就吃進口奶粉。其實，美國的孩子吃什麼奶？鮮奶，奶粉是賺外匯用的。

餵奶要不要按時？

最新的主張是信任孩子的感受，餓了就吃，不必硬性遵守時間。不過，如果正常的話，孩子餓了的時間應該差不了太多，因此還是約略定一個時間，實行時不要太嚴格，略具彈性。

通常餵奶時間是每隔四小時餵一次。體質弱、胃納小的嬰兒可能需要三小

時，經過一兩天，就應確知你的寶寶究竟適合多久餵一次奶了。原則上決定了以後，提早或延後一小時是無關緊要的。至於何時餵，可隨自己的生活起居來調整，也可就孩子的生活習慣來決定。通常七點—十一點—三點好像最方便。

夜裡餵不餵奶？

我相信沒有一個母親願意夜裡起來沖奶餵奶的，夜裡到底要不要餵，實在得取決於孩子。通常，初生嬰兒的生活習慣多沒有日夜之分，（在醫院裡也是按四小時一次餵奶）吃了睡，睡約三四小時就醒來要吃。不過，如果他在夜裡睡過了吃奶時間，就讓他睡；（在十一點鐘那次餵飽一點，可以促成這種情形）漸漸地，他自己也會覺得夜裡起來怪麻煩的而作罷了。

奶瓶要不要煮？

煮奶瓶的用意，是由於奶容易發酵，容易使細菌繁殖。如果你能每次吃過奶之後，立即把奶瓶沖洗乾淨，再用開水燙一燙，不煮應該也沒多大關係。當然，這樣或許比煮奶瓶還要麻煩，還要浪費，不過，即使煮，也別什麼都要煮，凡是嬰兒使用的器皿都要消毒。孩子不能完全與病菌隔離，我們必須漸漸地使他具有抵抗力，否則生病的機會就太多了。

給他吃奶嘴不？

你也許曾經看到三四歲甚至五六歲的孩子，還含著假奶嘴自得其樂，甚至上小學了，還把奶嘴藏在口袋裡，趁人不注意偷偷拿出來解解饞，過過癮。於是你決定不讓你的孩子養成這種習慣。很好的決定，不過，你必定也聽說過孩子吃手指吃到指頭腫、化膿，你也許早已知道了孩子有吸吮的本能，而吃奶瓶那幾分鐘滿足不了他們這本能。

所以，如果你的小寶寶，在不該吃奶時或臨睡前哭鬧不停，試著把小拳頭往嘴巴裡塞時，很可能就是在尋求其吸吮本能的滿足。你願意怎樣辦呢？

我的選擇是給他吃奶嘴。

尤其是在有客人或有工作待做的晚上，而他就是不肯安靜時，我會塞給他個假奶嘴，而果眞會收片刻之效。有時，吸吮著吸吮著就睡著了。這時，必須記得把奶嘴拿開，絕不能讓他含著入睡。像吸奶嘴把牙齒弄成暴牙、養成長大了還改不掉的惡習等弊端，多是任他一直含著——睡著了含著，醒來在玩也含著所致。

如果不是很忙，他鬧得也不太凶，我就極力避免給他奶嘴；而待他有著把小拳頭往嘴中塞的動作時，我就塞塊乾淨紗布手帕給他，紗布包起那在舞動著的小拳頭，塞進嘴巴滋味可能並不甘美，可是又好像有樣東西在玩，如果趁機播放點優美的音樂，他會安靜下來，漸漸入睡的。

該看些什麼書？

前面所推介《兒童保育常識》當然是最得力的顧問，像在這一章裡所提出的問題，它會給你更詳盡更完滿的答覆。不過，這是一本偏重於身體保育方面的書，如果你所希望的不只是孩子長得健康、漂亮，而且還希望他的智力獲得充分的啓發，心理不受到半點損傷，那，還得購買另一本以智力的啓發、性格的培

養、以及心理情緒的健康爲主題的兒童教育書籍——拙譯《怎樣教養０歲到六歲的孩子》。

不要以爲我在替自己的書作宣傳。其實當初翻譯這本書的動機，也是鑑於周圍太多年輕的母親需要這類知識，而這本書既切實際，又獨具見解，希望你願意找本來看看，看看是否能助你的孩子成長爲一個健康、快樂而潛能得到充分發揮的人。

怎樣睡？伏著還是仰著？

中國父母多讓他們的孩子仰著睡，有沒有理由，我不清楚，也許這是最自然最安全的姿勢吧！不過，許多嬰兒的頭被睡得扁扁的，甚至偏偏的，面孔也隨著成爲平平的。雖然大部分在長大一點後扁進去的後腦勺會長出來，也有不少終生舉著個扁扁偏偏的腦袋，而平平的面孔就沒法改變了。

西洋父母多讓他們的嬰兒伏著睡，除了頭不會睡扁外，還有：肚子靠著床鋪，不易受涼，被子不易踢掉，不易受驚嚇等優點，不過，那麼脆弱一個小生

命，讓他採取極易堵住口鼻的姿勢躺臥，實在不放心。我就是由於這理由沒敢嘗試讓孩子伏著睡。

老二很幸運，一起始我就注意到這問題，雖然沒採用伏著睡，可是設法讓她側伏，（把上面的小腿斜到前面就不易改成仰臥了。）小頭一直圓圓的，面部也正常。

生老大前，一直過著住校住宿舍的團體生活，對於帶孩子的事看到、聽到的很少，而二姊的老大在醫院裡就養成了側睡習慣，可是我只記得二姊用毛巾塞住他的小頭，使之保持仰睡姿勢。對老大，我如法炮製，結果待出滿月後，小後腦勺已有點平平了。

望著那有點平平的小腦勺，曾經看到過的那些給人一種憨相的扁頭閃過腦際，我開始糾正他的睡姿，可是滿月後的孩子已不睡那麼多了，醒來總會亂動，而且要抱，再長大一點，自己會翹起頭來，會坐會爬了，就更不易糾正了。那陣子我常常懷著一顆熱呼呼的心，凝視著公車上或路人或男學生們的頭，竟然很難見到扁扁的，心稍微放寬一點，不過，眞正放下來，還是待他兩三歲時，後腦袋勺長出來以後的事。

要不要睡枕頭？

嬰孩的骨胳是軟的，不管是仰臥還是伏著睡，枕頭對他都沒太大好處。不過，如果是冬季，你給他穿了很多衣服睡覺時，尤其是側臥時，還是需要的，只是不能太高，能使之不致有倒懸起之感就行了。

關於睡覺，還有一點須提醒各位的，就是頭不要老朝一個方向。也就是說不要讓孩子老是向一個方向看。嬰孩都喜歡朝有光的方面看，由於光源不易移動，就只好改變孩子的睡姿了，爲什麼不讓嬰孩老是看一個方向呢？會成鬥雞眼。

單獨睡，還是睡在身邊？

「天氣這麼冷，懶得起來給他蓋被子，睡在旁邊算了。」許多母親這樣說。可是，那樣脆弱的小生命啊！那麼小小的一點點，你的大被子，你的大手臂，大腿，不用提你的胖身軀了，只要你稍微不注意，很可能就發生意外，尤其是什麼都是自己來的家庭主婦，夜晚來臨，睏倦緊緊地包圍著你，待進入夢鄉，就沉入

深深的無知覺境地。在這種情況下發生嬰兒被悶死、壓死的悲劇也不是太稀奇的事啊！

所以單單爲了安全，就該讓孩子單獨睡在他的小床上了，何況，這也是培養其獨立精神的起始。

夜裡不睡怎麼辦？

當你的孩子白天上午睡，下午睡，一天睡得又香又甜，讓你閒得無聊，而到了晚上你睏得眼睛都睜不開了，他卻精神來了，又要吃，又要喝，又要玩，眞是傷透腦筋。這就是所謂「睡反了。」把白天黑夜顚倒過來了。想辦法不讓他在白天睡那麼多，特別是傍晚時，不要他睡，逗逗他，讓他哭一哭，可能會把習慣慢慢反轉過來。

還有一種夜間不睡的嬰兒是大哭。——在夜深人靜的夜裡，原本睡得好好的，突然哇一聲哭了起來，劃破了黑夜，攪亂了寧靜。你趕忙起身，抱他、餵他奶、給他喝水、……什麼方法都試過了，都沒效，小傢伙揮拳踢腿，掙著嗓子哭

個沒完。家人起來了，鄰居有人在講話了，你束手無策，眞想陪他大哭一場！

醫生說可能是由於氣脹，三個月以後就自然消失，我曾經被同院的嬰兒吵得夜晚到街上去散步，不過，自己的兩個孩子卻都是一覺睡到大天明，而且一直保持早睡早起的習慣，到現在，已經十幾歲了，仍然九點鐘上床，我不由得開始爲他如何應付國中繁重的課業著急起來了呢！

尿布怎樣處理？

你發現自從有了寶寶後，屋子裡好像沒法保持整潔了，奶瓶呀！尿布呀！把房間弄得亂糟糟的，你說：「我並不是懶散的人，我也隨時在收拾，可是收拾似乎也沒用。」

很可能需要講究一點方法，買個筐筐籃籃的，像塑膠製的菜籃子，濾水筐等就很適用，把洗過的尿布摺好放在裡面，床上增加這麼一個放著摺得整整齊齊的尿布的籃子該不會顯得太亂了吧？換下來的尿布當然最好立即拿到洗澡間沖洗一下再浸起來，找個水桶（有蓋的更好）專用來浸尿布，既衛生，又不會亂。

像奶瓶、杯子等最好用完後馬上拿到廚房放好，不過有時會覺得這樣太麻煩而且不可能，因爲手上抱著孩子如何去沖洗奶瓶，放好？在桌子上放塊小手巾之類的，把嬰兒的用品限於這個範圍，再蓋上一塊紗布什麼的，就更不顯亂了。

要看哪一位醫生？

這也是個需要及早打聽好，考慮好，再下決定的問題。

孩子免不了要生病的，最好自開始就給一位醫生看，而這位醫生最好是不濫用特效藥，可是在必要時卻也大膽地使用。

一般的私人診所多有前兩個優點，不過，有時會因爲在必要時也不用特效藥而把小病拖成大病。而一般大醫院看病掛號、排隊時間常與上班時間衝突不說，醫師又是輪班制，開藥也多以特效藥爲主。——小病吃特效藥，大病怎麼辦？這是一般父母所顧慮的。

還有，不管是找什麼醫生看，絕對不會有吃一兩次藥病情馬上減輕的奇效，故按規定吃藥，問清楚該注意事項，絕對遵守，而且耐心地觀察一兩天（當然是

指普通的小毛病。）再作決定。

我的老大第一次生病是在四個月大時，因吃了切開的西瓜汁而鬧肚子。鄰居介紹了附近一家私人診所，吃了一天的藥沒見效，就改跑兒童醫院。病是很快好了，可是，再患氣管炎時，私人診所連跑三天還是不好，最後還是去兒童醫院。自那以後就成了兒童醫院的常客，有時，一點咳嗽，拿回一大包的藥丸藥片，還有藥水，吃得有點令人心驚。

老二曾有過支氣管炎連續兩個多月的紀錄，其間大小醫生換過三四位。究其因：

一、原來一直看開藥重的兒童醫院，突然想起改看下藥溫和的醫生。

二、護理不週。有時是又受涼，有時是耐不住她的要求給她吃了冰冷的食品，還有，有些食物雖然醫生說沒什麼關係，在吃藥時能忌一忌確是好些，而我一點也沒注意到。

三、沒有按時吃藥。

至於吃藥時該忌些什麼食物？問老一輩的人答案一定比我所能提供的詳盡，不過，我還是就我所知的提出來供參考：

一、**拉肚子：**嬰兒瀉肚子應禁一切固體食物，奶要沖稀一點（水量照常，奶粉減半），如果病情嚴重，還要把奶油除去。（用煮沸法，奶油浮在表面，很易除去。）孩子如果肚子餓，可多喝開水。（而且需要）

二、**傷風感冒、咳嗽：**1.冰冷的東西絕對不能吃。2.橘子、香蕉、木瓜等水果不能吃。3.蘿蔔、白菜、芋頭等蔬菜最好別吃。因爲冰冷的東西會導致氣管炎，橘子等水果會引起反應，蘿蔔等蔬菜會減低藥效。

該備些什麼藥物？

生病要看醫生，不錯。不過，有些小毛病去看醫生不但費時費錢，而且會惹醫生瞪你一眼，好像怪你這樣大驚小怪，這麼點小毛病也去麻煩他！所以，準備一點藥物，先自己治治看，無效再去麻煩他。

下面是幾種我自己試用情形相當良好的：

一、甘油：由於尿布太疏於換，或是瀉肚子，小屁股紅紅的時用。

二、紫藥水：濃皰疹之類的皮膚病適用。

三、三馬軟膏：蚊蟲咬、抓傷，尿布疹也適用。
四、立可通藥膏：濕疹、皮膚炎等症適用。
五、鷓鴣菜：微微不適，或按期服用，可收預防疾病之效。
六、表飛鳴：消化不太好，或經常服用，幫助消化。
七、暮蒂納斯：小兒稍長，消化不良時服用。

要不要繼續上班

「看多了兒童教養類的書籍，越覺得該辭去工作回家帶孩子去，可是想到每個月的薪水袋，又有點捨不得。」不少母親這樣說。

「我知道我所賺的錢，也不過剛夠給傭人的，可是以後呢？待孩子長大後，再找工作就不易了。」也有不少母親這樣說。

就這樣，許多有愛心、有耐力、又具有教養子女知識的母親，把孩子交給沒有常識又沒有愛心耐力的傭人或保姆。上焉者，孩子雖然得不到理想的啓發與管教，至少吃得飽穿得適當，也可自由活動；遇到沒有良心的，孩子就可能受到各

種摧殘，有餵酒使之昏睡的，有綁在小車上不使亂動的，有罰跪打罵使之不敢言行的；至於遇到粗心無能者，發生意外致終生殘廢者更是屢見不鮮。

所以明智的你，按照自己的實際情形來抉擇吧！如果不是必須，如果工作不是創造性的，還是專心負起你爲人母的職責吧！雖然說，在家裡又是家務事，又是帶孩子很可能比上班累，可是上班又要牽掛著家裡，回來又忙個不停，那種三牽兩掛，那種顧此失彼，遇到保姆臨時罷工，更是忙亂焦急。……我曾不只一次爲職業婦女請命——爭取只負一種責任的權利！因爲我身受其苦已夠了。

當然，如你有父母願意爲你照顧，又另當別論了。事實上，很多年輕的媽媽，都在這樣做了，有的是和父母住在一起，有的是把孩子送到母親家裡，不管怎樣，都是把自己的責任加到已經盡了她的爲人母之責的老母親身上。我總覺得這樣不公平，而且，待孩子長大，遇到頌讚母親的辛勞節日時，將說些什麼呢？而且，母親當然還是以她從母親那裡學來的方式來帶你的寶寶，幾十年以前的教養方法當然談不到啓發與合理。

請傭人還是托兒？

假若你決定繼續上班，又不願已經爲子女操勞了半生的母親再負起照顧你的孩子的全責，你可能要在這兩者中徘徊猶豫了。

依我個人經驗，第一個孩子，托出去似乎比請傭人來得省事。不過，不能托日夜的，（那不變成人家的孩子了？）只托日間，晚上抱回來，雖然又要忙家務事，又要照顧他，太忙太累，可能也談不上合理的教養，不過，只要有心，總會盡力，只要盡力，就會有效果。至少在洗澡餵奶時可以給他你的愛撫，你的親切，以及你的教育。

很多年輕的母親把頭生孩子送進講究的托兒所，所裡有護士、有醫生、有保姆，有合乎國際標準的設備，可是，最要緊的是有沒有愛心，有沒有足夠的逗弄。因爲就嬰兒期的孩子來說，愛心與逗弄就是啓發其智慧，促進其身心健康的雙鑰。所以當你在決定之前，先以此爲考慮的依據吧。

許多家庭主婦爲了貼補家用，或因無聊替別人帶小孩。如果她是喜歡小孩的，個性又隨和，也很愛乾淨，倒是很理想。這種家庭托兒所在設備上可能差一

點，可是一個大人帶一個孩子，又在家裡，孩子受到的照顧，可能比較好些。

我的老大前八個月就是在這樣一個家庭裡過的，住的又是軍眷區，太太們閒著沒事就到處串門子，在巷口談天，這當然不是好事，可是，我的老大滿周歲就會講話，會走路，似乎該分一點功勞給帶他的那位鍾姓公公及來往她家的那些婆婆們呢！

生了老二後，開始用人，因爲兩個托兒比傭人貴，家事又沒個幫手。可是，那一兩年卻飽嘗了用人苦。這也該怨自己在許多方面走錯了方向。譬如說：沒有經驗還跑介紹所，非她不行還敢有自己的意欲，還敢表示內心的不滿等。

老二是兩歲半開始上幼稚園，在這兩年半總共換了不下十幾個保姆，有介紹所找來的，有鄰居太太，有夜校生，各有利弊，主要的還是看其人有沒有責任感。

生產後的調養

老一輩的人「坐月子」是大事，有的人天天麻油雞、鯽魚湯、人參酒的補，

門窗封得嚴嚴密密，整天不是躺，就是坐，這樣一個月下來，人胖得手指都不方便彎曲了，腿也不靈活了。不過，也有年輕的女孩子在醫院裡就穿著短袖睡衣，吹風扇。——兩者都不是辦法。

生產對身體當然是一種大虧損，不過，休息加營養平衡的食物就夠了，雞固然有營養，可是只吃雞不是太不平衡了嗎？休息固然必需，可是，沒有適當的運動身體如何健康？開過刀的人不是三天後醫生就迫使下地走動嗎？

不過有一些老一輩的說法，像：不沾冷水、不吹風、不受涼、不過分操勞等，都是有其道理的，你不能不在意。生第一胎的年輕媽媽，身體多復原得很快，有的三兩天就不覺得怎樣了，這更要提高警覺，因爲有些病痛是得了就不易治的慢性病，而且隨了年齡增加，使你老來沒有好日子過，到時候不是後悔晚矣了？

最常見的因「月子」調養不好而得的病痛，是腰酸背痛和風濕痛。像洗冷水，吹風都是導致風濕痛的原因；操勞過度是腰酸背痛的主因，還有看書報、流淚也會影響視力，都很有科學根據，不由得你不信。

如果在你身邊沒有一個細心而又具備這方面的知識的人來照顧你，別傷心，

別賭氣，身體是你自己的，而你已經是母親了呀。爲了自己，也是爲了孩子，更是爲了全家的幸福，你必須在可能範圍內自我保重。所以在盛暑別貪一時之涼，穿短袖睡衣、吹風扇；在寒冬，別省一時之力，用冷水洗奶瓶茶杯；也別端著張平時也不見得天天看的報紙，看個不停；更不要在此時期取勤勞美名，能擱起來不做的就先擱一擱，待身體復原後再做不遲。

如果有人對你這種自我保重說出什麼不以爲然的話，很可能是由於不懂，那就解釋給他聽，至少不要放在心上。也許你會說：「怎能不在意？」讓我教你一個秘訣：不要希望自己應受照顧。因爲你是強者，你已是媽媽了。

普通所謂「坐月子」是一個月，可是身體的復原是逐漸地，許多該注意的事項，不要在此期限一過就全然不顧忌了。我自己就曾經犯過這樣一次愚昧的錯誤：老大是農曆冬月出生，滿月後，剛好是年前的除舊布新時期，我參加了掃除工作，將一個月沒沾冷水的雙手泡進冷水裡，沒有多久，指關節酸痛得彎不回來了。

已經滿月了，肚皮還是鬆鬆軟軟的，找出舊時的衣裙，都差一小截扣不起來。——別著急，要想身材恢復舊觀也許不太可能，不過，再過幾個月，待你開始正常的活動，又沒有這樣進補時，腰圍多能縮小的。不過，也有人就此保持下去，成了水桶型的體型。所以做做運動，幫助腹部肌肉的收縮是有利無害的。

最普通的一種腹部肌肉運動就是：仰臥床上，兩腿並攏屈膝至胸前，再緩緩伸直、落下。開始時，連續做五次，休息片刻再做四次。以後慢慢增加次數。其實如果持之以恆，每天早晚各做七次就足夠了。別貪心，在開始時，由於求苗條心切，一做就做個十幾下，到第二天，笑笑肚皮都會痛，腿更是舉不上來，於是幾天不做，甚至沒有勇氣再做，當然不會有預期的效果。

六 孩子的營養

錯誤的營養觀

「現在的小孩好像都很漂亮可愛。」

同事們常常把自己的小寶寶帶來學校，有一位同事見了幾個之後這樣下斷語。

的確不錯，那些小孩，有的是眉清目秀，有的是粗眉大眼，也有的是瞇瞇眼、塌塌鼻，可是，一眼看過去，都那麼可愛。原因在哪裡？我的結論是：「營養好的孩子都很健康、美麗、快樂。」

育嬰常識的普遍，經濟情況的改善，使許多媽媽都開始注意孩子的營養了，不過，有些父母有時是受了商業廣告的影響，有時是錯以價錢作爲優劣的衡量標準，有時是崇洋心理的作祟，以致建立一些錯誤的營養觀，到頭來，錢是花了，效果卻並不怎麼好。

現在僅就我所見提出幾種最普遍的錯誤營養觀，以供參考。

一、高級奶粉營養價值高。不錯，因爲其中含有嬰兒發育所需的各種維他命、礦物質等營養，可是市面上也可買到適於嬰兒食用的多種維他命滴劑。配普通奶粉用，營養價值同，價格卻便宜得多了。

還有，爲了配合嬰兒的消化力，嬰兒奶粉所含的脂肪量是減低過的，隨了嬰兒的發育，到相當階段，必須換成全脂奶粉。所以到孩子過了半歲之後，「高級奶粉營養價值高」這句話就站不住腳了。

二、多吃奶粉孩子壯，這也有道理，不過，許多父母把它解釋作「只要多吃奶粉就夠了」。其實差得太多，因爲隨了孩子的發育，必須增加固體食物。固體食物不但含有牛奶中所含的營養，而且還含有牛奶中所沒有的營養，同時，嬰孩

必須趁早學著吃固體食物，學著習慣各種味道，免得養成偏食，甚至不肯吃固體食物的毛病。

我曾經聽見有些媽媽在叫苦：「吃不消！吃不消！三天一罐奶粉！」

如果孩子的食量已經大到一次吃一百八十西西，你還是一天餵他六次，很可能就要這個消耗量。可是，待他食量增大到這程度，早就該開始餵固體食物了。所謂固體食物不只是麥片，而麥片的吃法不該是混在牛奶中喝下去。如果白天兩次餵奶時間改吃固體食物，（後面再詳談）奶粉的消耗量自然減少，營養卻相對地有增無減。

也許，說到這裡還沒有駁倒「只要多吃奶粉就夠了」這句話，那麼，請問，一個健康的人，如果整天只吃流質會怎樣？

三、嬰兒食品罐頭最營養。嬰兒用品公司裡，超級市場的食品架上，陳列著各種從國外進口的嬰兒食品罐頭，許多摩登又有錢的年輕母親很喜歡買來餵小寶寶，省時省事當然是原因，可是「外國專家配好的營養價值絕對可靠」也是原因之一吧！可是，要你天天吃罐頭食品，你的胃口如何？吃厭了、膩了，不肯吃了，再有營養也徒然。何況，罐頭食品會比新鮮的有營養？

四、以飯量來衡量營養的攝取。我常常看到媽媽手中端一碗飯，一口一口地餵著她三歲的孩子，直到最後一口，中間有時是用哄的，有時是用騙的，有時也用威脅的，反正表現出對碗中那一米一飯的重視，似乎少吃一口就會導致孩子的營養不良。也看到過四五歲的孩子端一碗上面一小塊肉、兩根四季豆的飯一面玩一面吃的。對這些媽媽我要說：「使孩子強又壯的營養多存於魚、肉、蛋、蔬菜、水果等食物裡。現代人的食譜，即使是大人的也是菜爲主、飯爲副了，何況正在發育的孩子？」

奶粉之外的營養品

讓我們按照孩子發育的順序依次談下去：

一、**開水**。雖然沒有營養價值，卻非常必需，自出生後就該增添。兩次餵奶之間，孩子哭鬧餵奶時間未到，都是餵開水的適當時間。發燒或瀉肚時更需要，對便秘也有助益。

二、**蜂蜜**。在開水中加點蜂蜜可增加孩子對開水的興趣，治便秘的功效更

著，而且也有營養價值。

三、**維他命滴劑**。如果你是選用了普通牌子的嬰兒奶粉，要趁早配以維他命，以免營養不夠。西藥店均有售，有進口貨也有本地製造品，自己選吧！營養價值該差不了多遠。

四、**魚肝油**。魚肝油所含的維他命D是骨骼發育所必須的營養。在陽光充裕的地方，可從陽光中攝取，而且就夠了，何況多種維他命中維他命D的含量好像也相當高，我在生老大時對這些都知道，而且還曉得「維他命D是一種攝取後不易排出的養分，過多的維他命D貯存體內會產生不良的副作用」。當時，我是選用了普通牌子的嬰兒奶粉，配以多種維他命，心想應該夠了。可是，家住台北，又是陰雨連綿的冬季，又是托住在小樓上的人家，半年下來，待天氣轉暖，穿起單薄而緊身的汗衫時，小胸怎麼不太對勁？不是平平的，肋骨中間突出來，像小雞那樣！醫生說這是極輕微的軟骨症，而軟骨症就是由於缺乏維他命D。另一種輕微軟骨症的現象是下面兩根游離的肋骨外翹。不多與日光接觸的孩子得的機會比較多。

五、**果汁**。新鮮的果汁，不要買現成的。（三月後開始用。）在台灣，冬天的柳丁，夏天的小西瓜都是做果汁的理想水果。其實做果汁並不是什麼麻煩事，你甚至連器皿也不必買：柳丁一切兩半，用手指擠一擠，小西瓜用調羹挖一挖，就可有足夠嬰兒飲用的新鮮果汁了。擠餘的果肉大人還可以吃。幾乎是不必另花什麼錢呢！只是大人少喝兩口果汁而已。

六、**水果**。待孩子可以吃固體食物之後，水果就不一定要弄成汁了，像香蕉、蘋果等水果，只要用調羹刮一刮，刮成糊狀就可餵食了，待孩子再大點，像西瓜、木瓜等水果就可吃小塊的了。

七、**蛋類**。三四個月的嬰兒就可加添蛋黃了。（蛋白比較不易消化）蛋黃要用煮的，可以摻在奶裡吃，也可摻在麥片裡吃，也可摻在煮的麵裡，也可就用開水奶汁調和成糊狀吃。奶糕是比較舊式的育嬰食品，可是以蛋黃煮奶糕味道確是香醇可口呢！我總覺得單獨調和成糊狀吃比較實際，因爲只不過是兩三口，一定可以吃下去，不會有食物煮得過多剩下糟蹋之慮。對了，調和時當然要加點味道進去，甜的很好，鹹的更好，不知你的小寶寶喜歡哪一種？

八、**肉類**。排骨湯煮麵放切碎的肉末或豬肝再加碎青菜。是我的孩子在半歲以後常吃的固體食物。要用個小小的鍋子，排骨湯就從大人要吃的湯鍋裡盛，不

過不要油，肉當然是切碎，豬肝最好用刮的。如果把蛋黃也放下去，味道更香醇一點。孩子再大些，青菜也可從大人的菜盤裡選一兩根出來切碎拌進去。

九、蔬菜類。煮麵煮粥時用，也可煮爛了餵食，像冬瓜、胡蘿蔔之類。

十、豆腐類。

十一、魚類。這兩類食物都是富蛋白質的食品，而魚類還有豐富的鈣質、礦物質，都可從大人的菜盤裡分食，當然不能有濃烈的調味品，魚類要把刺挑淨。

最後，容我特別提醒一聲：不管是換奶粉也好，增添食品也好，都要記住一原則：慢慢來。

開始時只加一點點，過兩三天看看沒有不良反應再加一點點，直至可放心食用爲止。換奶粉是以同量別種牌子的奶粉代替原來用的奶粉。

還有不要同時增添兩樣食品，不要在長牙時換奶粉。

好像把知道的都寫下來了。你實在該參閱施樸克所著的《兒童保育常識》。不過，要認明是明華書局的版本，有些版本把餵食這一章省略，實在是亂來。

吃不吃零食？

「吃零食會傷牙齒，敗胃、影響正常飲食，直接有損健康。」——反對給孩子吃零食者這樣說。當然是絕對正確，可是，大人也會嘴饞，對不對？文學作品中常有窮人家的孩子把鼻子貼在糖果店的櫥窗玻璃上吞口水的描寫，你願讓你的孩子處於同樣悽慘的境地嗎？

還有，吃不到零食的孩子，看到別人手中的糕糕餅餅的，即使不敢開口要，而那眼巴巴的饞相也夠你難堪的，對不對？

基於上述理由，我是主張給孩子吃零食的，而且不是偶爾給一點點，在不妨礙正常飲食的情況下，經常給他吃，而且只要不妨礙健康，盡可能讓他盡興，其實，什麼叫妨礙正常飲食？麵包在歐美各國就是正餐，飯後都吃甜食，餅乾蛋糕所含的熱量應該比白飯、饅頭高，而在國軍的行軍乾糧中不是也有糖與牛肉乾嗎？偶爾有一兩餐，就給他吃蛋糕、巧克力、牛肉乾跟蘋果，或是排骨蘿蔔湯佐餅乾或是稀飯配乖乖，或是熱狗配果汁……會有礙嗎？比起「好好把這碗小魚拌飯吃完，媽媽給你巧克力吃」的政策，如何？

即使是酸梅、蜜餞、口香糖等又不衛生更沒營養的食品也不該禁止。人們為什麼要花這麼多精神製造出這麼多食品來？還是為了飽口福！因此我要說，請不要剝奪了孩子的口福，請不要讓孩子過一個沒有滋味的童年吧！

不過，這只是原則，實行起來，你當然得按你寶寶的健康情形，家庭經濟的狀況等因素來斟酌行事。一般來說，一天給幾元自己去買不是好辦法，因為這樣一方面孩子可能買回不衛生的劣等食品，一方面會養成孩子花錢的習慣。

要不要餵飯？

我們常常看到媽媽端個碗，跟在孩子屁股後面，孩子吃一口飯玩半天，一頓飯吃上個把鐘頭，討上這個麻煩的媽媽在起先多是基於兩個理由：一：要他自己餵呀！給你弄得一場糊塗。二、要他自己餵呀！吃幾口就不給你吃了。可是，不管什麼事，都要從實做中學習，小孩子餵飯當然也不例外，你不讓他經過弄得一塌糊塗的階段，如何會達到自己餵的地步呢？按照施樸克的標準，孩子滿周歲就該可以自己餵飯了。

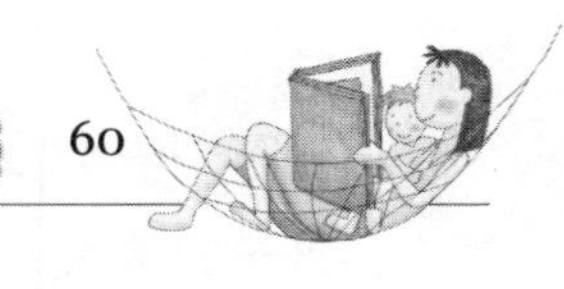

至於「自己餵吃不飽」，似乎跟孩子的胃口，食物可不可口，母親的態度等都有關聯。如果保持在飯前不給孩子吃零食，不要惹他發脾氣，食物做得合他的口味，又不表示出過於重視他的飲食，在大人餐桌上給他個位置，讓他選擇他喜歡吃的，而且少給他一點，在愉快的氣氛下，大人們津津有味地吃著喝著，他可能也會受到感染了吧！

如果他吃到一半，跑開了，怎麼辦？大部分媽媽是把他喊回來，哄他、勸他、罵他、逼他把飯吃完，或是自己端起飯碗餵起來。很可能餵飯的習慣就是這樣養成的。而飲食問題也許就此形成，因爲敏感的他很可能已覺出你多麼重視他「吃了多少」了，施樸克博士主張：做媽媽的不動聲色地把飯桌收好，讓他想吃也沒得吃了。

許多孩子在兩歲以後就形成這也不吃那也不吃的問題，心理學家們都認爲這是個由於母親太重視孩子的飲食而形成的問題。許多母親把孩子少吃了兩口飯，或是沒有吃到某一種食物的事看得太嚴重，好像因之寶寶的健康就會受到影響，於是或哄、或騙、或罵、或引誘、或威脅，其目的在使孩子把健康的食物吞下去，卻沒想到使孩子更沒了興趣，結果眞正地影響到孩子的健康。

其實理由是極其淺顯的：想想那些兄弟姊妹眾多的孩子，想想那些由於窮困或缺乏愛心，父母控制食物的孩子，太重視孩子飲食的母親們，至少假裝出不關心不在意的樣子吧！

事實上，孩子太瘦比太胖還不是傷腦筋的問題。你覺不覺得？

孩子太愛吃怎麼辦？

胖孩子多比較愛吃，至少不挑食，不偏食。就像我的女兒，飯量不大，可是什麼都吃得津津有味。雞腿、豬排、排骨湯、青菜、水果……都是她最喜歡的，自小就是個小胖囡，生場小病，發一兩天燒，拉兩三天肚子都無所謂，一點也看不出消瘦來，有一次患口腔炎，有一星期連奶也不敢吃，好了之後，照樣是個小胖子。

雖然別人都說：「這並不算太胖啊？」我這做母親的卻不由得暗自著急起來——如果一直胖下去，可怎麼好？不過也僅於想想而已。

進了小學，情形好轉。尤其是搬到山上後，半天獨自在家，中午自己熱便當

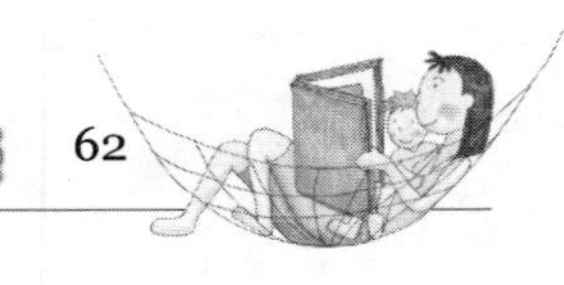

吃，常常由於趕時間，或太燙或不合口味，便當剩下一大半；又要趕車上學，去車站還要走一大段山路，在學校裡，春季裡爲運動會練習跳舞節目，冬日裡提倡踢毽子、跳繩運動，假日又時作爬山活動；而我，由於上班距離變遠，每天到家時間晚了，晚飯也常常馬馬虎虎。——小胖子不胖了，可是身體反而健康了，很少跑醫院了，面頰紅潤起來，精神健旺起來。

從她，我歸納出一個原則：使孩子胖的原因是過量的營養與缺乏運動。

也許你要說：「我家的小胖情形比你女兒的嚴重得多。他是愛吃，太愛吃，不但什麼都吃，而且吃得很多。也十分胖了。」

這是比較傷腦筋的問題。基於「越不給越想要」的心理，對愛吃的孩子你不能公開地限制他吃，不過，可以給他含熱量較低的食物吃啊！其實，很多家庭裡的伙食就大人們來說，含的熱量也是偏高了些，何不就此全家節食一番？不要限量，可是質差一點味道也不要太講究，在食慾不振的情況下，總不會吃太多了吧！

胖孩子也多愛睡，而且不喜歡活動。跳繩踢毽子是很有趣味又不受場地時間限制的運動，陪他做做，帶領所有的孩子做做，全家規定個時間齊來做做，又健

身又有情趣。

「老師說跳繩可以使胖子變瘦，瘦子變胖嘍！」我女兒說，你何不試試？

附帶說一句：這是指四五歲以上的孩子而言。周歲以內的娃娃當然應該胖胖的。

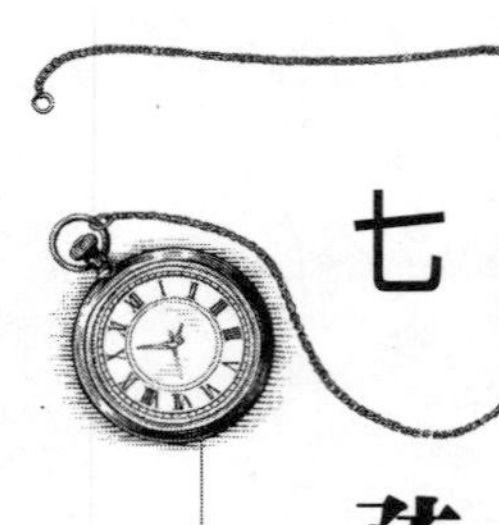

七 孩子的衣著

在孩子的教養中，衣著可能是最不重要、最不需要專門知識的一環了，百貨公司、兒童服裝行、圓環、市場地攤……到處都有各式各樣的兒童服裝，你可以斟酌自己的經濟情況、依自己所好去選購，不過，有幾項原則，記在心裡，可能會助你買回更滿意、更實用、更經濟的衣物。

一、**舒適第一，美觀其次**。尤其是周歲前的嬰兒，出門的機會不多，長得又快，漂亮而不實用的外出服有一兩件就夠了。（送禮者也應記取這原則）記得結婚前，有朋友生了小寶寶，興高采烈地跑到兒童服裝行，左挑右選，選中一套裝

在盒子裡的嬰兒服裝，自認顏色、式樣都是夠「美」的，可是朋友說：「這種衣服已收到好幾套了」。

老大快滿周歲時，我這初為人母者興奮地跑去嬰兒用品店為愛兒選購衣服，選來選去選中一套「龍」製的海軍服，把原本活潑可愛又精力充沛的他裝扮得呆呆板板；而穿上新衣是多麼不受用呀，你看他撕呀扯呀就好像全身有刺。後來拿去換了兩套開司米龍的毛衣毛褲，一厚一薄，穿起來倒是又漂亮又舒服。

記得那陣子剛好是「龍」料初問世，大家都趨之若鶩，童裝很多是以這種料子製作，我就曾花了兩倍於棉織品汗衫的價錢買回又不吸汗又悶熱的龍料運動衫，要他常在家穿，整個冬天綑著龍製長褲！

現在，棉織品又身價百倍，趕時髦的母親可能不會再犯與我同樣的錯誤。不過，要一個剛會走路的小不點就穿上硬梆梆的牛仔裝同樣地違反了舒適原則。

其實，到圓環的地攤上可能會找到眞正舒適合用的嬰兒服裝——那種類似日本和服的絨製外衣。長長的，鬆鬆的，可是帶子一紮又嚴嚴密密的，可以穿了睡覺，抱著出門，也可以站起來到處跑。當然不十分美觀，不過，如果選那種花色柔和點的，至少不會難看。

冬日，做件厚厚的棉袍子（後面開口，中間挖個圓領的那一種），穿起來眞是又柔軟，又舒適，又方便，而且好看。眞的不騙你。出門時，配上頂絨線帽，圍條毛線圍巾，眞是又好玩，又逗人愛，必會遇到路人停下來逗他一逗的情景。

二、**安全第一，美觀其次**。也許你會覺得奇怪，「衣服哪有不安全的？」我就遇到過：是朋友送的舊衣服，外國貨還滿新的，式樣滿別緻的小毛衣，領口是用拉鏈，小傢伙才三四個月，有一天，脫時沒注意，用力一拉，從面頰劃過眼睛到前額長長一道擦痕！所以也請注意類似的情況！

三、**方便第一，美觀其次**。除非經驗過絕對想像不到不方便服裝，就是工裝褲。花格子襯衫配條工裝褲，小男孩（小女孩也一樣）眞是帥勁十足，可是，小便大便沒別人幫忙就辦不到了，在家裡帶了出門都還無所謂，因爲總有大人在身邊，上幼稚園就不行了，因爲即使老師肯幫孩子，孩子也不願意麻煩老師了。

另一種並不怎麼好看的不方便服裝，就是女孩子的長裙，小小年紀蹦蹦跳跳爬上爬下原是天性，也是本色，由一條拖地的長裙把兩條小腿圍起來，眞是不方便，而且那股扭扭捏捏的大人姿態也眞不好看。

四、太少優於太多。有些父母怕孩子凍著，衣服總給孩子穿得多多的，殊不

知穿太多的衣服反而容易生病，一方面是由於沒了抵抗力，一方面是由於穿多衣服會流汗，流汗再吹風，當然受涼。

怎樣才算夠？很難說，很多母親測量她們初生嬰兒的衣服是否穿得夠是摸他的小手。施樸克博士說：嬰兒微血管太細，手腳總是涼涼的，還是摸頸後衣內比較準確。如果有汗就太多了。

有的母親以自己的感受來爲孩子加衣服，這也不行，因爲孩子的活動情形跟母親不同，何況生理狀況不同。譬如說，當你掃地拖地時是不是要減衣服？當你從室外陽光下趕路回來時是不是覺得燥熱？孩子時時都在動著，記住這事實。

五、穿什麼鞋？有一種專爲初學走路的小孩設計的鞋子，底是半硬的皮革而且從後跟翻上來，孩子穿了腳踝不易歪，而且不會板腳，其實什麼鞋沒什麼大關係，最重要的是不要太「合腳」。常常看到小孩子的腳緊緊裹在小膠鞋裡，甚至大拇指前端頂出一個小包包，這樣就太委屈了那雙尙待發育的小腳了。足科醫生認爲腳的毛病主要是因爲穿鞋子而起，（不穿鞋的人，腳有毛病者僅占百分之七），大人穿鞋也應該比最長的足趾長一公分，何況小孩！而孩子的腳發育快，按標準，六歲以下的孩子應兩個月換一次鞋子，六歲到十歲的孩子每三個月換一

次鞋子，十歲到十二歲每四五個月換一次鞋子。

最後容我提出一個大原則，那就是：待孩子稍長，常常在穿衣方面表現他的獨立性。在出門時，大多數父母都喜歡見自己的孩子打扮得整整齊齊漂漂亮亮，而爲了經濟，外出服平日不許穿。當孩子堅持要穿某一件或不要穿哪一件時往往使出權威逼孩子屈從。父母的理由是教導孩子知道何時何地穿何種衣服，可是孩子卻只覺不能表現自我的氣惱，說不定因之產生更多的反抗心理。隨著他，穿衣原就是不太關重要的事，不太離譜就隨他的意思算了，至少讓他有從兩件中選擇一件的機會。

八 孩子的安全

「嬰兒爲棉被窒息。」

「孩童自床鋪摔下成腦震盪。」

「孩童誤食老鼠藥，送醫不治。」

「機車騎士撞及路邊嬉戲兒童。」

「……………」

翻開報紙，幾乎天天都有類似的不幸意外，而沒有被新聞記者發現的更不知有多少。想想那些健康、活潑、充滿了朝氣的小生命，就由於大人的一時疏忽，

得不到成長的機會，能不惋惜！如果發生在你自己的小寶寶身上？……唉！還是預作防範吧！

讓我們順著孩子的成長階段來談：

剛出生是最不易發生意外的時期，因為他本身還不太會動，只要稍作注意：不要讓他跟你一起睡在大床上，不要把他放在床的邊緣，不要把他鎖在房間裡外出，睡覺時給他掛蚊帳，不要讓他的小哥哥小姊姊靠近他。……夠了，普通情況下，該不會出亂子了。

不過，也有料想不到的情況呢！我的老大還在醫院裡時就險遭不測——是生後的三天吧，初為人母的興奮狀態已過，身心突然進入極度疲憊，而醫院裡也開始每天六次把孩子送給母親餵奶，夜裡睡得正濃，護士把他抱來了，很可能我曾經睜過眼，可是立即又睡了；護士把也在熟睡的他放在我身邊，就走了。待我醒來，一翻身，怎麼重重的？是他壓住了我的被子！想想看，如果，其實只要稍為動的幅度大一點點，小傢伙就會被掀到床下了，而醫院的床鋪那麼高，床前又有椅子什麼的！

孩子會翻身了；特別注意別讓他睡在大床的邊沿。即使是睡在床中央，又是

睡得熟熟的，你也別丟下他外出，哪怕只是一下下工夫。把他放進有欄杆的小床，或是用枕頭把床沿圍擋起來。

會爬了；更是不得了。別說「他膽子很小，他不敢朝下爬。」可是，孩子從床上摔下來都不是故意的，他還沒有那麼好的控制力，而且更沒有足夠的預測力，知道一爬一定會到達哪裡。

如果你家裡有地毯，對此時期的孩子最好了，不但萬一從床上摔下不會摔出大傷，而且活動的範圍可以擴大了。啊！整幢房子可以橫衝直撞，多開心！不過，你預防意外的範圍也擴大至整幢房屋了。《怎樣教養〇歲至六歲的孩子》中有專章討論，現僅就其要緊者提出供參考。

一、不要有可以塞進嘴巴的小物件留在他搆得著的地方。小孩子都是拿到什麼就往嘴裡送的，而一塞進去就可能吞下去。

二、多餘的電插座要用膠布封起。他的好奇心會使他摸摸看或插插看。

三、易碎的器皿放在他搆不著的地方。桌子上茶几上最好不要鋪桌巾，以防小手一拉，桌上的東西全部到地上了。

四、廚房裡最好不讓他進去，不過，爲防萬一，你必須養成隨手把瓦斯桶關

嚴，隨手把菜刀放在高處，以及熱水壺、盛熱水的燒水壺、盛煮好的湯或稀飯的鍋子不放在地上，還有，有柄的鍋子用時柄不要探出灶台等習慣。

五、浴室裡洗澡盆內不要放滿水。

六、像玻璃碎片、瓶蓋、哥哥的有稜有角的玩具零件等可能傷害到他的東西不但不能散置他搆得著的地方，也不能放在室內的字紙簍裡。

學步期是孩子闖禍最多的年齡。應該注意的事項除了上述各項要繼續外，還有一些必須採取的措施：

一、通往室外的房門在高處加門栓。

二、陽台欄杆加高加密。

三、窗口加欄杆。

四、藥物放在高處，即使餅乾糖果也別讓他可以自己拿到，吃多了總是不好的，對不對？

看到這裡，你也許會不以我這種把住宅弄成籠子的主張爲然了吧！其實我又何嘗喜歡。當我第一次住進公寓房子時，老大三歲了，老二一歲多，我曾要求房東把疏疏的陽台欄杆加密，可是沒有要求他在窗口加鐵窗，因爲每片透明的玻璃

外面就是一幅風竹的圖畫，「不忍心破壞畫面」。何況，「也沒什麼好偷。」我眞的不喜歡住在籠子裡。

也許錯誤還在我又把床鋪放在窗下。窗外沒加欄杆，又把孩子的床放在窗下！眞是愚昧不可原諒，所幸上天眷顧，只給我兩次有驚無險的教訓。

第一次初搬家之際，大人們都在指揮搬運工人放東西，而頑皮的老大站上了窗台，窗子是開著的，只有一層紗窗，待我壓住驚叫把他抱下來後，用手用力一搖，紗窗下來了，而下面是三層樓下的地面。

第二次是隔了一段日子的午後，老二沒睡，我陪她在客廳看電視，並沒看得很入迷（我原就不熱衷電視），可是待發覺老二不在身邊起身入室內看看時，發現她半蹲在床上伏在那個哥哥曾經站過的窗口，紗窗已經掉在三層樓下的地面上被摔得歪歪扭扭，而她專注地在指著叫著！

還有一次，過了兩三年了。是傍晚時分，我在廚房忙做飯，他們在陽台玩，陽台的欄杆早已加密，而他們已經知道爬欄杆是多麼危險。可是，一聲聲呼叫鄰居孩子的喊聲把我引出來，我的用意是阻止他們這樣吵嚷，卻沒想到撿回了兩條小命！

——由於是邊間，陽台那端是與欄杆齊高的小牆，鄰居孩子在牆下玩而開始走開，他們踏著小凳子探身在小牆上，老二的小腿是懸空著，半個小身體探在牆外！

即使現在，寫著寫著，身上竟然冒出了冷汗！但，我眞是幸運，你不覺得？

也許，把孩子關在遊戲欄裡可以省卻很多麻煩，不過，學步期原是個向環境探索的時期，你把孩子關起來讓他怎樣學習生命必須具備的知識呢？何況，待開始學步了，要關也關不住了，在學爬的階段倒還管用。

待孩子漸漸長大，單單靠父母的保護預防是沒法確保孩子的安全了。所以你必須從早開始你的安全教育。教給他隨時注意安全，教給他覺察危險，避免危險。

有沒有聽說過這樣一個眞實的故事？——

小孩已經讀小學了，天天有司機以自用轎車接送，有一天，司機不知爲什麼把車停在馬路對面，孩子一出校門，飛奔過去。一陣急煞車聲，小生命就此完結了。

在社區裡也發生過類似的意外：

孩子放學回來，下了車，從車後橫越馬路跟反方面疾馳而來的車輛撞個正著！

其他，像：

附近工地裡把地下室的積水抽出之後發現腐爛的小屍體。

從不算高的崖上跳下，腿骨折了。

跟鄰居孩子玩沙，對方一把沙子撒過來，眼睛張不開了。

偷偷到小河裡去玩水。

看到同伴被水沖走，明明不會游泳卻跳下水去救難。

看到同伴被水沖走，不救也不告訴別人。

受了傷不敢告訴家人。

不會游泳還要去划船。

在草叢裡玩火。

還不懂交通規則就騎腳踏車上路。

爲撿拾到的炸彈炸傷、炸死。

玩爆竹傷了眼睛、傷了身體。

在停住的汽車下面玩，送了命。

在鐵軌上玩。

還有，待進了大學，甚至大學畢了業，不懂登山卻結伴登山等，都是可以教來防止的不幸意外。

有些父母對於孩子的安全過分注意，處處小心照顧，使孩子成爲一棵溫室中的嬌弱植物，不但經不起風吹雨打，連強烈的陽光也曬不得，連大一點的聲音也聽不得；這也不敢，那也不敢，畏畏縮縮，反而剝奪了其成長爲獨立自主的人的機會，豈不誤了孩子的一生！

因此對孩子的安全，我要給你的建議是：

盡量預防。

教勝於防。

過猶不及。

在沒有大礙的情況下，給予孩子自由活動的機會。

九 孩子的玩具

該買怎樣的玩具

「玩具是孩子的教科書。」杜森博士在他所著的《如何教養〇歲至六歲的孩子》中這樣說過。不過，玩具並不是單指電動小汽車和洋娃娃，玩具店裡琳琅滿目，街角的小雜貨店也上掛下擺的，到底該買怎樣的玩具呢？怎樣的玩具才能達成這功效呢？

首先，當然是要孩子喜歡。

其次，要配合孩子的能力。

第三，要有啓發性、教育性。

第四，貴的玩具不一定是好玩具。

最後，孩子的愛好、能力會隨年齡而異，故玩具的啓發性與教育性也隨了孩子年歲的增長而不同。

一般說來，在嬰兒期的玩具限制比較大，因爲除了上述各原則外，還要特別注意安全性，像有角有稜的、易碎的、有小零件的都不行。此較適合的有：

一、塑膠製搖搖會響的玩具。

二、橡皮或軟塑膠製可以拿也可以啃的玩具。

三、音樂盒。

四、掛在小床上色彩鮮艷的彩球。

五、色彩鮮艷會隨風飄動的彩帶。（掛在孩子搆不著的地方）

六、海綿製小動物或海綿，以及空塑膠製小瓶子小盒子等。（放在洗澡盆內洗澡時用。）

學步期的孩子活動的範圍大，能力也增強了，適合他們的玩具也多了，可分爲戶外的與戶內的兩種：

甲、戶外的（大肌肉活動）：

(一)、攀登架。

(二)、滑梯。

(三)、大積木。

(四)、沙箱。

(五)、在沙箱裡玩沙用的小鏟子、小桶、小車子、小人、小動物等。

就我國的社會情況來說，像攀登架、滑梯、大積木等只有在公園或幼稚園等場所才有，很少私人購買的，沙箱是不必花費什麼錢就可有的設備，不過，沒有庭院的公寓家庭也很少考慮設置的，可是孩子們是多麼喜歡這類爬上爬下、搬搬推推或挖挖弄弄的活動啊！而這類的活動對他們的身心健康肌肉發育又多麼重要啊！有空多帶你的孩子到公園或附近幼稚園去玩玩吧！如果附近有蓋房子留下的沙堆也讓他去玩玩吧！不要說「在街角上坐在沙堆裡像什麼樣子」？因爲這是最具教育性，又最適合孩子的能力，最爲孩子所喜愛的玩具呢！

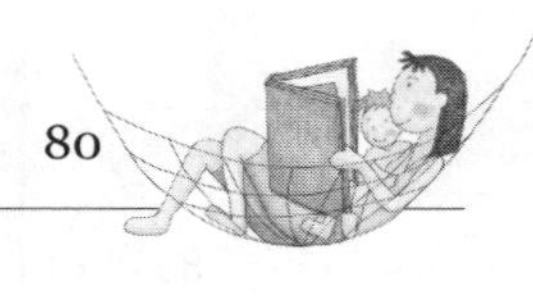

我們中國人老人家不是也有「孩子不見土長不大」的說法嗎？可是許多現代的父母卻把孩子關在擦得一塵不染，整理得有條不紊的樓上度他的童年！

乙、室內玩具：

(一)、木馬。

(二)、布娃娃或小動物。(不要太大，兩歲的孩子可以輕鬆拿起，抱著玩的才好。)

(三)、串珠(可串來串去玩的)。

(四)、鎚打玩具。

(五)、小鐵車。

(六)、大型木製或塑膠製車輛。

(七)、放玩具的架子。

(八)、一面開口的方形木箱(可當大積木玩，也可作放玩具的架子。)

(九)、洗澡盆裡的玩具。

(十)、簡單的拼圖。

像洋娃娃，電動汽車等也是適合這時期的孩子的玩具，不過，像一開電鈕就會跑的玩具，乍看起來好像很好玩，有些結構複雜的也很貴，可是，玩不了多久，孩子就感到索然乏味了，就不甘願站在旁邊看它活動了，他會跑上去拿起來，硬推他前進硬拖它後退，結果機件失靈，連推也推不動了。倒不如那種用彈簧操縱的還多些吸引力。

在這時期的孩子破壞性很大，主要的是小手的控制力還不夠強。故買玩具不要太貴的，要牢固一點的。如果新買來的玩具玩了還沒幾分鐘就弄壞了，也別責備他。——把心愛的玩具弄壞了這件事本身就具有教訓意義了，就可教他以後小心了，別以你的責罵減削這效能，使原本可培育責任感的事變成了「怕受責罵」。

許多學步期的玩具在幼兒期仍然適用，而且由於孩子的小肌肉活動更有控制力，玩起來更起勁更有興致。可以增添的有畫具、圖書、積木等，扮家家酒、開小醫院等遊戲可能已開始了，故整套家具、炊具、醫生診療器、警察用品等也必定受歡迎的。

也許你會說：畫具、圖書怎能算玩具？其實，眞正具教育性而百玩不厭的玩具多不是在玩具店裡可以買到的，而隨了孩子年齡的增長，可以在玩具店裡買得到的玩具愈來愈少，到孩子入了學，玩具店的吸引力幾乎等於沒有了。

可以成爲孩子玩具的東西實在很多，現僅就想到的列出幾種，以作參考，希望你能運用自己的智慧，隨時隨地從身旁爲孩子撿取玩具。

廢物為玩具

嬰兒奶粉罐中附有量匙，色彩多很鮮艷，用繩子串起來，又美麗，又有聲響；裝糖果的小盒子、吃藥的小塑膠瓶、大型的塑膠製瓶蓋等如果盛在一個大盒子裡，可以拿進拿出地玩，也可搖著玩，都是嬰兒期孩子的好玩具。

洗乾淨的小鍋子，加一個不銹鋼調羹就成了敲打樂器。

塑膠碟子或小碗放在浴缸裡就是小船。

放舊信的抽屜打開來，保證你學步期的小搗蛋會半天不出一聲，只顧忙著將那白色的方方的東西撒滿地。

剛買回洗衣機來嗎？別讓工人順便把包裝箱帶走，因爲那正是你學步期以上

的孩子渴望已久的小屋子。即使像手提電視機、蝦味先、生力麵等比較小的紙盒也會使他們興高采烈地爬進爬出玩上半天。

當他們把飯廳的椅子擺成一長排玩坐火車的，或把雨傘撐開，把飯桌圍起當帳篷，把沙發墊子疊起來玩雙腳跳時，也請忍一忍別阻止吧！你看到他們玩得多麼興高采烈嗎？

還有，當他穿上爸爸的大皮鞋蹣跚邁步，或是穿上媽媽的裙子扭捏作態時，也跟他笑一笑，樂在一起吧！而拆卸舊玩具不是更具創造性嗎？

當他拿了蠟筆在你漂亮的壁紙上增添花樣時不要只禁止，更不要責罵之後把蠟筆收藏起來，拿一疊舊報紙給他，和他一起在上面塗塗抹抹。（不過，不要畫出一個形象，演變成你畫他看的局面。）

畫具為玩具

自幼兒期以後，孩子多喜歡畫圖，尤其是四、五歲時，只要你把畫具放在他方便拿到（也要容易想起拿）的地方，而在他畫時不要企圖教他怎樣畫，在他畫完之後很感興趣地觀賞，可是不要問這是什麼那是什麼，更不要稍含嘲笑的口吻批評，他會常常畫的，而且非常愉快地畫，常常是一面畫一面哼著歌曲。記得，這階段的畫圖是玩，其教育意義在發洩情感，在訓練拿筆的小肌肉活動，而不是畫圖的技巧。

所謂畫具有很多。最理想的該是毛筆醮廣告顏料在大張紙上塗抹，不過在家庭裡多不易辦到，其實彩色筆，尤其是粗粗的那一種，色彩鮮艷，使用簡易又不太會弄髒衣服或房間，是比較被普遍採用的一種了，粉蠟筆比較易弄得一塌糊塗，不過，效果也很好；那種小盒的蠟筆由於色彩不夠鮮艷，又不易著色，比較不受小孩子的歡迎。

有時候，一支原子筆也可使孩子半天不哼一聲，而且作出相當有意思的佳作來。

畫出來的作品應該受到重視。杜森博士建議父母們備一塊揭示牌。說起來並不難，在牆上釘一塊甘蔗板就行了，當然，要釘在比較不顯眼的地方，也可裝飾得美觀些，其實，就在某一房間的某一牆壁上畫出某一範圍張貼也沒什麼，雖然會把那塊牆壁弄得髒兮兮的，可是孩子的作品另有一種拙樸的美，同時，爲了孩

子的教育，這點犧牲實在算不了什麼，對不對？

書籍為玩具

最初買給孩子的書籍應該不是給他讀的，而是給他玩的。他像玩其他玩具一樣地弄著玩，放在嘴裡咬，疊來疊去，不過，慢慢地，他會爲書上的圖畫所吸引，會對一頁一頁地翻著看不同的圖畫大感興趣。

什麼時候開始給孩子買書？當他已經會坐在遊戲欄裡玩的時候就可以了。這麼大的孩子當然還不會讀書，也不知道愛惜書，買那種用厚厚的紙印著大大的逼眞的圖樣的書給他，就讓他玩，也可利用來教他一些東西的名稱。其實不一定買新的，像哥哥姊姊讀過的教科書，有廣告的雜誌等都可利用。

漸漸地，待他能夠聽懂故事了，就可以買那種以圖畫爲主的故事書讀給他聽了，書上的圖畫，故事的情節，還有讀故事這活動本身都具有極大的魔力，他會喜歡的，而從這種玩具中，他將獲得益處是什麼呢？太多了，像：增加語言能力、啓發想像力、幫助他認識世界等，其中最重要的一點還是：使孩子喜歡書，

願意接近書，奠定以後對閱讀的強烈興趣。

要想達到此一目的，必須注意在開始時不要加給他太多限制。許多父母對書籍存了一種傳統性的敬畏，總認爲孩子玩書是不尊敬書，如有撕損或塗污更是不得了，結果由於在「玩書」階段時常伴隨著責罵或限制，對書籍產生了一種本能上的反感，要想讓孩子喜歡書就不容易了。

當然，我並不是說應該隨孩子去破壞書，只是在孩子還不懂愛惜時有破壞書的行爲不要責罵他，而用其他較溫和的方法教他，慢慢地，他會愛惜的。一般說來，頂晚到三歲。

所以三歲以前最好不要給孩子借書看，因爲三歲以前的孩子既然不懂愛惜書，又不能加給他太多的限制，而把朋友的孩子的圖書弄得一塌糊塗又不好意思。

其實，即使孩子已經懂得愛惜書了，最好還是買給他「玩」。因爲孩子看書不是看過就算了，他會看了再看，隔一段時間再找出來看，同時，擁有感會使他更加愛惜書，更喜歡看書。

書很貴嗎？可是買一套裝訂、圖文都相當夠水準的兒童讀物也不過一兩百

元，一個月買一套，一年就可有十二套，兩三年下來，你的孩子就可以擁有一個藏書相當豐富的小圖書架了；而每個月抽出一兩百元就一般家庭來說該是極爲簡單的事。

也許你的觀點不是沒有錢，也不是捨不得錢，也不是沒有時間，沒有心給孩子買書，更不是不相信閱讀對孩子的益處，可是，買些什麼書呢？什麼書才是最適合的呢？

讓我告訴你一個大原則：大書局大出版社的讀物多夠水準。而孩子的興趣極廣，吸收力出乎你意料地強，而且不怕長，只要內容有趣，文字淺易，它會使你「欲罷不能」地讀下去。記得兩個小傢伙還在幼稚園時，每天中午必定聽完四本故事書後才肯睡午覺，每人選兩本，而選時都要選字多的，因爲「字少的一下就讀完了」。

下面容我粗略地按照孩子的發育階段提供一些台灣可買得到的兒童讀物，以資參考：

一、**幼兒期**（**三歲以前**）。印著大大逼真的圖樣的讀物最適合。這樣的讀物街坊間有很多，有的印刷精美，有的很粗劣，都可以，只要圖畫得像，孩子就會

喜歡。在這時期書的功用不是教字，而是認識事物，學著講話。

二、**學前期**（三歲—六歲）。這是母親讀書給孩子聽的主要時期，不是把書上的故事用自己的話講給他聽，而是照著書上的文字唸，所以文字必須淺易、流暢、生動。國語日報社出版的讀物多能符合這原則，而由該社各兒童文學作家或語文專家翻譯的十二輯「世界兒童文學名著」是我首先要推薦的。這套讀物不但內容好、文字好、插圖也生動有趣，唯一缺點就是紙張裝訂不夠牢固。

光復書局出版的「幼兒的樂園」，裝訂、印刷更適合這年歲的孩子，內容都是較通俗的中外兒童文學名著，與國語日報社出版的並不重複。

文化圖書公司也有一系列的兒童讀物出版，該公司出版的版本較大眾化，價格也稍便宜。「童話集」內容與光復書局的大致雷同，在開始應經考慮後決定買哪一種，然後一直採用那一種，以免重複。另一種「兒童故事集」是現代的創作，內容也不錯。

該公司出版的「中國名人故事」與光復書局出版的「世界名人故事」內容雖嫌枯燥，可是孩子倒也喜歡，而讓孩子自小就聽熟一些名字並不壞。

當你看到光復書局出版的幼兒科學教育畫冊，你一定不會想到要買，因爲這

種科學幻想故事在電視上出現得已經過多了，不過，孩子真的喜歡呢！尤其是男孩子。

孩子都喜歡看漫畫，當我看到五歲的女兒對著「淘氣的阿丹」或是「小亨利」或是「大頭」格格笑出聲來，或是連電視也不要看了時，我會問：「有什麼好看？」她會回答我：「你不懂。」真的，當孩子還能享受這種樂趣時，給他機會樂一樂吧！何況看漫畫也可訓練文字能力（像阿丹）更能啓發想像力，增強其對事物的觀察力。不過那種忽天忽地亂謅一氣的連環圖我一直是反對的。

由教育廳和聯合國兒童基金會合作編印的「中華民國兒童叢書」應該是我國兒童讀物出版界的最高成就。這套包羅科學、文學、生活、健康各方面的讀物，每一本都是從許多應徵作品中選出的優良作品，尤其是科學類，以生動優美趣味的文字，解釋生活周圍的各種事物與現象，再配以美麗的插圖，其文學方面的效果並不亞於科學，據說這套兒童讀物已有不少國家的譯本。在台灣各國民小學每班都由公款購置，不過，有些「多一事不如少一事」的老師很可能未能充分發揮它們的效能，同時，班上的同學那麼多，好久才輪到一次也不太夠，自備一套是值得的。而其中低年級程度的讀給學前期的孩子聽也能接受。（這套書是由台灣

書店發行，一般書店多不經銷，價錢並不高。）

還有，國語日報社出版的「看圖說話」，裝訂印刷都不夠精美，插圖也太簡單，不過，文字的確是此時期學說話的最佳材料，有時押一點韻，有時就是那麼幾句通暢的標準國語。孩子會喜歡跟你說來說去的。

其實，値得買，可以看的優良兒童讀物絕不只這一些，到書店裡去翻翻看，你會發現選擇並不是難事，特別當你決定要陸續買時。不過，在開始時必須愼重考慮決定要買哪一種版本。

三、**低年級**。如果你自他三歲起就曾不間斷地讀書給他聽，到他入學時，語言能力一定相當強了，也很可能認識不少字了，有些再三聽過的讀物可能會半記憶半猜地讀出來了。很好，你已爲他的學習鋪了一條相當平坦的路子了，待他學完注音符號，他就能夠自己讀有注音符號的讀物了。（一般兒童讀物都有注音符號。）在學前期聽過的讀物，此時再找出來自己看，會更增加其興趣與信心，不過也應繼續給他買一些同類的新讀物。

另外，你可以開始訂國語日報了，雖然很多內容他還看不懂，可是，看圖說話、漫畫、兒童版的故事、各欄都在他所能接受的範圍之內了。別看他每天只看

那麼一點點，或是只是翻一翻，日久天長，還是會吸取不少東西的。同時，慢慢的，由於就在手頭，他會慢慢地向比較深的園地涉獵，閱讀能力自然就提高了。

不過，國語日報絕對不能代替所有的兒童讀物，有的家長只給孩子訂一份國語日報，是怎樣剝奪了他閱讀的享受啊！

雖然入學之後，他應該習慣受壓力學習了，在課外讀物方面，我們最好還是不要加給他太大的壓力。像規定他每天看多少，或是指定他讀哪一篇作品等，都可能戕殺他以書爲玩具的興趣。

國語日報社還爲這程度的孩子出了幾本看起來很不起眼的讀物：三百字故事、五百字故事、七百字故事。由兒童文學作家林良先生依據該報兒童版的故事，以最可信賴的文筆改寫成。故事內容都很有趣而且有教育性，孩子們極易把握住題意。我的兩個孩子的學校規定它們作爲假期作業閱讀報告的材料，眞是明智的選擇。

新民教育社出版的世界童話精選，也可在孩子一年級以後買給他看了。其中有些故事可能已不陌生，可是，這套書是以較多的文字來敘述的，插圖也精美，孩子對故事是永不會厭倦的，較深的文字將毫無困難地被接受下來。

東方出版社爲這年齡的孩子編了兩套相當好的科學讀物：兒童科學叢書、圖解科學文庫。前者是以淺易通暢的文字解釋一些自然的現象與科學原理，後者是以漫畫的方式說明，孩子都很喜歡，可以一直使用到中高年級甚至初中。

四、中年級。許多低年級讀起來比較吃力的讀物，現在可以以享受的態度來閱讀了，到這時，閱讀是樂趣、是享受，而且能眞正吸取營養了。因此當你讀四年級甚至五年級的孩子仍然在看灰姑娘，在看五百字故事，別禁止，別取笑。不過，當然該爲他增添一些能增強其胃口、提高其欣賞力的讀物。

基於同一原則，當孩子的閱讀能力還沒有強到可以消化較深的讀物時，也別硬塞給他。其實孩子的閱讀能力用年級來劃分是不合理的，有的孩子在一年級就可看以文字爲主的讀物了，有的卻還要等一等，而有些讀物雖然以文字爲主，可是內容容易吸收，像西遊記、像七百字故事、像亞森羅蘋、福爾摩斯等，可是，像湯姆歷險記、水滸傳就需要更強一點的了解力了。

要孩子硬呑還不太了解的讀物會有什麼弊端呢？最大的就是可能使之對閱讀不再感興趣，不肯接近讀物。而怎樣才是硬塞呢？不給他別的讀物就讓他有這一本，要他讀讀看，孩子很好強，很願意試試看，可是讀不下去，每天讀幾頁，——

記得，孩子對能了解感興趣的讀物絕不會一天讀幾頁就放起來的，他會一口氣讀下去。

中年級應該增添些什麼書呢？

中華兒童叢書繼續買，低、中、高的都買，隨他選閱。

有注音的名著改寫讀物很多書局都有出版，銷路也很好。不過，我總覺得很多版本文字都嫌艱澀，而且套用現成的四字成語的情形太多，使文字益為死板；即使東方出版社的也不例外，不過，比較起來，算是好的了。還有，內容方面也應選擇。像一個人必須要讀的文學名著，最好還是待他到中學後讀全譯本或足本；有些不太適合孩子讀的題材，像勞倫斯的作品也不必買。所以我為這時期的孩子選擇課外讀物的原則是：一、文字通暢。二、以情節為主，以後可能沒時間看而不看也不太要緊的傳奇文學名著，像俠隱記、戰國雙雄、魯賓遜飄流記、苦兒努力記、西遊記、水滸傳、鏡花緣、小五義、新舊約故事等。三、名人傳記。四、偵探小說。（男孩子特別熱衷，雖無大益，卻也沒害。）五、科學幻想故事。

我總覺得國語日報社的廣告作業做得不夠好，自己的報紙銷路那麼廣，認識

它所出版的讀物的價值的人卻並不太多，價錢定得偏高也許是一原因，可是除了書城、書展、及該社，在街坊間根本看不到，報紙上也不作更詳盡的內容宣傳，要人們從何認識呢！現在我將爲它作一次義務宣傳，目的當然是爲了你的孩子的利益。

首先：兒童故事名著，一套十本，每一本講一個動人的故事，故事中所含的是一種可貴的德性。我常常說：這才叫教育性，這才叫德育，不知你會不會與我同感。這套書我那兩個孩子在讀幼稚園時就聽過了，後來隔一段時間拿出來重看一遍。有一兩本被朋友的孩子弄丟了，每次重看都會懷念，後來，湊巧在舊書攤上碰到，給補起來才沒話說了。

另外有兒童文學傑作選。一共有多少本沒有計算，程度較故事集深一點，不過文字絕不艱澀、絕不死板，內容新穎有趣、富教育性，而且取材很廣，適合各種興趣的孩子。可以整套買，也可以單本買，貴嗎？可能。可是買四五本也不過一百多元，哪裡算貴！

再來，爲兒童改寫的文學名著都是由名家執筆。

還有，中國名著的故事，使孩子對幾部中國文學名著有了初步的認識。

還是那句話：優良的兒童讀物很多，到書店去看看，像新一代兒童益智叢書也相當的夠水準，純文學出版社也出版了幾本很「文學」的兒童讀物，像兒童詩集、楊喚的詩集等，特別對女孩子的胃口。

對了，唐詩，有些父母在孩子還未入幼稚園就拿淺易的唐詩當兒歌教給孩子讀，眞是智舉。不過，由於內容不太適合幼兒的生活經驗，多是教過幾首最通俗的後就停了下來。在這階段應該可以了，其實，待他入了學，升上二年級就可以了。我的女兒在二年級快結束時，她的導師規定她們每天背一首詩，在學校裡對全班背誦，互相交換，而且抄下來，那段時間，她倒眞的背了不少呢！而且連題目作者也背了下來，這對日後的學習有沒有助益，當然顯而易見。

這階段的科學讀物首推光復書局的「爲什麼？」全套十本，由淺而深，有解釋說明，也有故事，讀來並不枯燥。其實，前兩本低年級的孩子也可以接受了。

另外，光復書局還有學童的科學、國民的科學、兒童百科圖鑑等，都是很好的讀物。

五、高年級。這時期的孩子閱讀能力可能更強了，不過大多停留在那些爲兒童改寫的讀物中，讓他讀吧！不管是重讀已讀過的還是新讀物，只要肯讀就好，

甚至瀏覽低年級的讀物也不是浪費時間。最要緊的是使他能維持對閱讀的興趣，能夠把閱讀當作消遣。

許多父母（也有老師）禁止孩子閱讀課外書，理由是孩子功課不好，怕影響功課。其實剛好相反，孩子閱讀的課外書多才是功課好的基本條件，我的兩個孩子功課都還好，有人問我用什麼方法督促，我總是回答：「多給他讀課外讀物。」眞的，除了在他們學前期我曾花了不少時間爲他們讀故事書外，在課業上我一點也沒費神；除了花了一點錢爲他們買課外讀物外，也沒爲他們的學業花過什麼錢。由於大量地閱讀課外讀物，不但語文學科沒有困難，常識方面也早超出了教材，即使沒有讀到的，也極易接受。因此他們的學習可稱爲輕鬆愉快，輕鬆到當他們拿了優良的成績回來向我討獎品時，我竟有點不甘不願的，因爲他們根本沒有盡什麼力嘛！

一個自幼就熱衷閱讀的孩子，到這階段很可能已讀了夠多兒童讀物了，你不妨讓他有機會接觸接觸成人的作品。

報紙的副刊他們可以試著看了，故家裡最好還就他訂一份副刊適合青少年的報紙。

幼獅少年是種好刊物，雖是爲國中生編印，這年齡的孩子也會喜歡。

許多報社都出版在副刊上發表過的作品，像中副選集、我的座右銘、聯副近二十五年小說集等都可能在他們的了解範圍之內了。有些現代作家的作品也可能被接受了，像三毛的撒哈拉的故事、鍾理和的做田、小野的蛹之生等。

對了，讀者文摘，這種包羅萬象又富激勵性的刊物也可推介給他了。讀者文摘社出版了幾本很好的單行本，像自然界奇觀、雋永集、間諜與秘密，印刷紙張是沒話說，可是價錢的確太貴了一點，如果你只想買一本的話，我勸你買「自然界奇觀」，逼眞的彩色照片插圖再加上富文學氣息、具激勵性、發人深思的介紹文字使它不只是介紹自然的科學書籍。

還有，光復書局出版的藝術畫冊（有好幾種）地球出版社出版的中華文物及錦繡河山等巨著，價錢是很可觀，不過讓孩子時常翻翻，在不知不覺間就進入了藝術的廟堂，其效果不只是知識的，而且是修養的、氣質的。其實早就該買的，應該在他還肯偎在你身旁聽你講故事時就買來當作講故事的教材的。算起來，即使把我已列出的少數讀物買齊也要不少錢了，對嗎？不要怕。因爲你不必，而且不該一下子買齊，即使同一時期的、同一版本的讀物也不要一下子買回來讓他慢

慢看，隔一段時間買一部分回來，不只是爲了支出費用打算，而且也是提高興趣的方法。

還有一個節省開支的方法：就是逛舊書攤。你知道台北市光華橋下的光華商場嗎？從前名滿全國的牯嶺街的舊書攤全集中在這裡了，雖然由於地處地下室，又太集中，空氣不夠流通、人聲太噪雜，不能與牯嶺街綠蔭下蟬鳴中比，可是至少不必曬太陽，更不怕雨天。這裡每個攤位都有成疊的半新不舊的兒童讀物，有的甚至是八成至九成新，而價錢只有原價的三分之一！在孩子還在眞正玩書的階段當然不適合給他這種可能跟舊報紙一起堆在處理站待了很久，又在這空氣不流通的地下室接受塵埃不知多久的書籍，待孩子不會把書往嘴裡送了時，買回來用濕布擦一擦該不會有大礙的，至少我的孩子還沒因看這種書出過什麼毛病。

六、**國中階級**。在這時期的孩子比較沒時間閱讀課外書了，升學的壓力再加上勤考的教學法把孩子困在那幾本教科書與無數張密密麻麻的測驗卷裡，如果再參加補習就更可憐了，可憐到連讀課內書的時間也很少了，可憐到必須硬從睡眠裡偷時間來做作業了。不過，只要他已養成了閱讀習慣，只要閱讀對他還具有相當的吸引力，他還會抽空與讀物接近的。你給他的最大幫助是不要阻止他，不要

把它視爲妨礙，至少看看報紙是應該的，假日以之爲消遣更該鼓勵。看些什麼呢？

在這階段的孩子閱讀能力懸殊很大，有的可以涉獵文學名著了，有的仍然停留在神仙故事、小笑話的階段，有的甚至只有看看連環圖、漫畫之類的東西。不管怎樣，高年級的讀物仍然適合他們。國語日報仍然值得訂，少年版有些作品可以提高其寫作能力，第一版的新聞評論可使他對世界大問題有深入的認識，而「燈塔」可當作修身勵志的教材，也是學習洗鍊簡明的文筆的途徑。

其他，許多世界文學古典作品都可介紹給他了。像：簡愛、小婦人、雙城記、基度山恩仇記等，許多出版社都有翻印，價錢非常大眾化，在我要獎勵學生時就買這種書來作獎品，即使買個七八本，也不致是大破財。

另外，成功者的座右銘、瑩窗小語、羅蘭的作品等也是我常買來作獎品的書籍，孩子可能不太喜歡看，不過只要肯看一定看得懂，而且絕對可收勵志、學習寫作的雙重效果。

寫到這裡，使我想起一項國文老師大多忽略了的責任，那就是：使學生認識好讀物。許多孩子由於家長教育程度低，自己在這方面一無所知，未能及早讓孩

子接觸這最有益最有趣的玩具，以致毫無選擇的能力，現在，他已長大到能夠自己去書店選擇了，他需要有人給他指出一條路來，免得在浩瀚的書海中摸索。待他有了正確的方向之後，我們大人就可以不必管了，讓他自己走吧！也許他會走得比你期望的更高更遠，發現出乎你意料的寶藏呢！

不過，在這裡我願特別推介舊俄時代的作品，許多被譯成中文的小說都是不朽的名著，而使我特別推介的最大因素是小說中女性的造型與對愛情的詮釋，那種純情的、貞潔的、含蓄的、犧牲的……情操，雖然在現實的現代顯得有點格格不入，可是，要想挽救現時代的頹廢與放浪形骸，青年人實在需一種超越道德教訓的德育，而我總認爲文學是最有效的一環。

許多現代的作家太重於寫實，而且偏於黑暗面、醜惡面的描述，我總認爲這並不是應走的方向，雖然說文學是表現生活，可是，只止於表現醜惡有什麼意義呢？對正在學習階段的青年人有什麼助益呢？

唱機為玩具

兩、三歲的孩子對音樂、律動都有傾向，這年歲的孩子多能隨著音樂手舞足蹈，如果常看電視，也會模仿著歌星們的動作扭捏作態。這也就是何以許多父母誇耀自己的孩子有舞蹈天才。

雖然說靠音樂舞蹈吃飯的人並不多，有深厚造詣的更少，音樂的欣賞卻是生活中最大最高的享受，如果你希望自己的孩子有較高尚的欣賞力的話，最好還是從小培養，而基於孩子對音樂的天生傾向，這培養工作不但不必費你什麼力，而且還可充當極具吸引力的玩具，占住他的注意力，使你有了更多清閒的時間。

當他還躺在搖籃裡就開始吧！許多媽媽在哄孩子入睡時唱催眠曲，這當然好；不過放音樂，那種輕柔的、優美的古典音樂，豈不更好？讓他在音樂裡靜靜地入睡，他會養成一聽音樂就馬上安靜下來的習慣的，而天天這樣，月月這樣，音樂將流進他體內的每一個細胞，使他至少擁有了欣賞美好的樂曲的能力。

待他長大一點，他會隨著音樂手舞足蹈，可買點他有點熟悉的兒童歌曲，使他滿足「唱」與「舞」的本能。

以後，不要間斷，每隔一陣子帶回一張新唱片給他，每天留一段時間給唱機。當然最好給他買一台便宜的操作簡便的手提式唱機，讓他自己可以隨意換唱

片，免得弄壞你的高級音響。

這唱機如果幸運地沒有被弄壞，還可派上更有益的用場。譬如：五歲以後學兒童英語，國中以後聽英語唱片等。

自然為玩具

孩子小時住在劍潭，其實是從劍潭走進去的後港里。那時，後港里剛剛開發，我租的那幢邊間的房子前面是一片叢竹，接下去是農家的菜園與稻田，順著田間小徑走下去可以繞到河堤。每天下午，孩子睡醒午覺，洗個澡，太陽也已西沉，娘三個就下去散步。

走在那條一邊是河溝一邊是園圃的小土徑上，河溝裡有草蓮，有時爲黑黑的溝水蓋一層綠綠的外衣。有時每一棵都抽出一根開滿紫花的花柱，水滿起來時，水推著一簇簇的點綴著艷紫的翠綠緩緩飄動，孩子會拍著手歡呼：好漂亮喲。

園圃邊農人用竹枝豎起了籬笆，爬滿了絲瓜蔓、絲瓜葉好綠好綠，還有淺嫩的捲曲的鬚鬚，艷黃的花點綴在上面，多漂亮的一道屏風！當孩子們第一次發現

小黃花下，指頭般的小絲瓜時，是多麼驚喜呀！然後每天看它長大一點，每天發現更多的絲瓜！

路邊草叢裡總是藏著某種有趣的小東西等著他們去發現。有時是一隻跟草一樣綠的蚱蜢，有時是一隻擎著大刀的螳螂，有時是一隻橘黃的甲蟲，或是閃著綠光的金龜子……水面上飛著成群的紅蜻蜓，地面上螞蟻成隊地匆忙前行。他們有時捉金龜子，有時追逐蜻蜓，有時把餅乾弄碎撒在地上看螞蟻忙碌地搬運。

「回家吧？」

「再玩一會兒！」

每天都要幾次催促，天漸漸暗下來了，才肯離開。有時，走到河堤上，搬塊大石頭坐下來，望著河堤外低頭吃草的牛，呱呱叫著回圈的鴨群，布滿了彩霞的西天，還有河對岸一盞盞亮起來的燈火……。

孩子自然不會久坐觀賞，可是沿著傾斜的護坡跑上跑下是多麼有趣的活動！石塊間的螞蟻多大塊頭啊！

——住在劍潭那段日子，是他們最念念不忘的日子，主要原因就是常常與自然接近，自然供給他們永遠新奇、永遠有趣、千變萬化又取之不盡的玩具。

不過，還有一個原因，那就是常常與我接近。所以下面我將接著寫「父母爲玩具」。

父母為玩具

前面我說孩子之所以念念不忘住在劍潭那段日子，除了有自然爲玩具之外，還有一個原因就是常常與父母接近。其實自始我就注意到育嬰的這一大原則：常常與孩子接近，因爲孩子需要父母的照顧，而且需要父母的陪伴，需要父母跟他玩。

教書的工作使我不必整天困在辦公室裡（還未實施專任教師辦公七小時的辦法），而擔任的課程使我的課都排在上午，差不多每天中午就可到家，於是中午唸故事書，傍晚散步，晚上在客廳裡或是床上玩騎馬、玩枕頭戰、或拉鋸扯鋸、蘿麥兩蘿麥……。

後面兩種遊戲還是自己小時候玩過的，憑模糊的印象試著跟他們玩，想不到竟然成了他們甜蜜的童年的代表活動，即使現在，都已十歲的女兒，有時還會爬

到我膝上，拉住我的雙手，說：「媽，我們來玩拉鋸扯鋸。」

我會再給她重溫一次舊夢：

我們手拉著手，前後搖動著，嘴裡唸著：

拉鋸扯鋸，拉倒槐樹，槐樹倒了，木匠跑了，跑到哪裡去了？

我讓她倒懸在我的腿上，她開始思索，企圖想出一個好玩的答案，有時是「跑到冰箱裡去了」有時是「跑到洗衣機裡去了」有時是「跑到媽媽肚子裡去了」。

另外一種永不感厭倦的遊戲是散步時吊在爸媽手上往前「悠」。

「一、二、三——」

她兩腿屈起，身體隨了爸媽的腳步「悠」前好幾步。

前幾天，在散步時，她把另一隻手塞進爸爸的大手裡，說：「我們來玩『悠』。」一時，我們愣住了，待明白過來，卻笑了。不可能了，她已長得齊我耳朵了，爸媽已無法把她提起了。

男孩子喜歡騎馬打仗、警察抓小偷。偶爾扮演一下警察把他當小偷綁起來，眞是樂事，每當你伏身在床收拾什麼時，他突然躍上馬背，就勢顚他幾下，掀他下馬，也是愉快的經驗。

而那些黃昏裡共同漫步在小徑上，共同坐在河堤上，共同玩地底怪獸的時光，還有邊走邊談送他去上學的途中，想來都會在他們心中留下難以磨滅的記憶，絕不是任何玩具所能代替的。

小動物為玩具

小孩都喜歡小動物，我的女兒也是。還不太會講話時，在街上走，看到有小貓、小狗的必定蹣跚地跟在後面追一陣子。一面叫著：「狗狗！狗狗」「貓貓！貓貓」。

可是由於我整天忙工作，忙家事，忙照顧他們，實在沒精神來照顧小動物了，而在公寓住宅裡養狗養貓也是惹人討厭的擾鄰事，對不？

她對小動物的喜愛並沒因年齡的增長而減退，養一隻小貓或小狗或小兔子成了她的夢想，當學期中提出要求時，我說：「媽媽要上班，誰來照顧呢？」「等放了暑假。」她很通情理。可是待放了假，「到哪裡去找呢？託二姨幫我們問問看吧！」她滿懷希望地等著，然後開學了。

有一次，去一家常去的饅頭店，她跟店裡養的那隻碩大的貓玩起來了，我下了最大決心。對老闆娘說：「生了小貓給我們一隻好嗎？老闆娘說「好啊！不過，現在還沒懷孕呢！」可是，就這樣一個指望已經使她樂得閉不起嘴巴了，回家第一句話就是：「我要到一隻小貓了。」

在這期間，我盡量用玩具來彌補她，布娃娃、布熊、布狗……大大小小的也有好幾個了，她輪流著照顧牠們，抱牠們，玩牠們。可是仍然不能滿足她內心對小動物的喜愛。

前些日子，一隻飢寒交迫的小貓來到我們屋後，牠驚懼地鑽進洗衣機與牆壁的夾縫裡，她冒著寒風把飯、把水遞進去，蹲在那裡低聲地呼喚牠，終於使牠進入了我們的廚房，進入了我們的家。

愛究竟有多大的力量？這個平日裡什麼都有人爲她做得好好的嬌女孩，什麼事都依她的小霸王，每天給她的小貓拌飯、倒水；盛飯的小碗用沙拉脫洗得乾乾淨淨，睡覺的地方每天打掃，連墊在睡覺紙盒下的門墊也刷洗過，而有一次，大便在室內，竟也悄悄地用衛生紙擦乾淨。

的確，這樣照顧牠，再加上陪牠玩，會耽誤不少時間。原本晚飯前可以把功

課做好，又練琴，自從有了小貓以後，琴必須留待晚飯後了。可是，這不是訓練責任心與愛心的好機會嗎？當她因牠的頑皮行徑輕柔地拍打著牠責罵時，當她注視著牠那些頑皮活潑的動作驕傲地說：「看！看這小頑皮！」是怎樣地充滿了愛憐！這些不都是高尚的情操嗎？

當然，如果早些讓她擁有，譬如說幼稚園時期開始，耽誤時間的弊端就不致這麼明顯了，而低年級在家的那半天也必定好過多了。

運動器材為玩具

男孩子並不是不喜歡小動物，可是運動對他更具吸引力，尤其是過了十歲以後。就像我的老大。

棒球季節滿街都是玩棒球的孩子，在空地上成群的孩子玩躲避球，他都會參加；最近學校裡乒乓球室開放，他又熱衷於乒乓球，每當他運動過後，衣服為汗濕透，滿臉通紅，眼睛裡射出興奮的光，當他訴說「又打下了一個六年級的高手」時，又顯得多具信心啊！煩躁不安、無聊不耐的情形減少了，也乖順合作了，運動可以鍛鍊身體，不錯，可是不止於鍛鍊身體。它是遊戲，是最具吸引力最富教育性的遊戲，它不但訓練孩子遵守規則、與人相處，而且還有發洩情感、增強信心、安定情緒、振奮精神等附帶的效果。所以如果你的孩子對學習表示厭倦，提不起精神，就勸他去玩一會兒球吧！

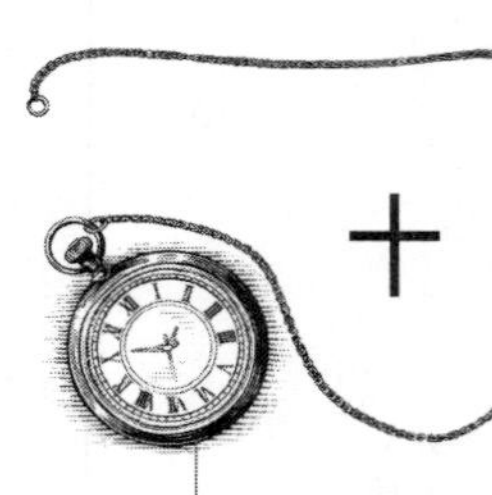

十 孩子的管教

許多父母不認爲這是個什麼麻煩問題，因爲我國自古就有「棒下出孝子」的教養方法。「不聽話就打呀！還不簡單！」可是，打罵雖是一種管教，雖然現代心理學家們也不完全反對使用這種方法，打罵卻絕不等於管教，而衡量孩子行爲的標準也絕不是父母的話。

有些父母對新管教方法了解了一點皮毛，奉「個性發展」爲圭臬，問題就更簡單了：一切不問不聞，任其爲所欲爲；殊不知，新式的管教絕不是放任，更不是不問不聞。

管教是兒童教養中極爲重要的一環，許多兒童教養書籍都會花很多篇幅來討論，有的是專門討論這問題。——你已經讀過《怎樣教養〇歲到六歲的孩子》嗎？那你必定對教養的原則有了基本的了解，對這些原則的重要性也應該有相當的認識了；接下去，再找本《父母怎樣跟孩子說話》來看看吧！這並不是一本只教你講話的書，它提出的是許多在日常生活中很可能遇到的情景，以及處理這些情景最有效的方法。再來，如果你八九歲開始有反抗意識的孩子使你日子過得烏煙瘴氣時，《怎樣愛你的孩子》該是最有效的藥方。這本書我曾經稱之爲「命錯了名的書」，因爲，實際上它是介紹最新的管教方法，而單單讀過前面幾章，你就會覺得日子沒有那麼難過了，孩子的行爲可能依舊，可是，當你明白了他的種種使你氣得肚子會痛，愁得眉頭不開的行爲原來是正常的時，你的感受就不一樣了，情勢也不再是他與你之間的鬥氣爭勝了，你會試著原諒那些使你失去尊嚴，沒有面子的言行，你會試著給予他更多的愛，你會試著遵循那些並不難於遵循的原則，幫助他度過此一生命中水流湍急的峽谷的。

在這裡，先容我扼要談一談我自己的閱讀及帶孩子的心得。

愛是管教的大前提

「問題青少年多由於得不到足夠的關愛」。這已經是一句極爲通俗的話了。反過來說，當然就是：「給予孩子足夠的愛，孩子就不會出問題」了。雖然說，這並不是百分之百正確，至少是：給予孩子足夠的愛，管教就容易生效。因爲，有了愛的連繫，孩子與你之間存在的是一種親密的關係，是一種推心置腹願意溝通的關係。

怎樣才算有足夠的愛呢？

其實大部分父母內心裡都有足夠的愛，問題是表達的方式。

如何表達呢？

在孩子小時：

當他想吃奶時就給他吃，不要硬等到規定的時間。

當他哭時，就抱起他來撫慰一番，不要怕慣壞他。

乖小孩也要時常抱起來逗弄逗弄。

時常陪他玩玩。

對身體無益的零食偶爾也給他嘗嘗、解解饞。
當他無理取鬧時，不要理他就夠了，不要處罰。
處罰以後讓他哭個夠，不要禁止他哭。
爲他買足夠的玩具。
爲他買足夠的圖書。
容許他玩孩子都喜歡玩的水、泥沙。
容許他把客廳弄得亂糟糟。
讓他占住你很多時間。
肯爲他讀故事書。
肯爲他拒絕應酬，或遊樂，甚至工作。
待孩子入學以後：
在功課上讓他有表現自動學習的機會，不要逼得太緊。
當他成績優良時給予鼓勵，可是不要斤斤計較分數。
當他成績較差時，設法找出原因幫助他，可是不要責罵他。
與他共同訂定他的生活日程表，在不太影響別人或功課的情形下滿足他的慾

望。（譬如說：在孩子們都在街上玩的黃昏不規定他在家做功課，在卡通影片時間不要催他吃晚飯。）

在特殊情形下容許他不遵守日程表。（譬如說：功課太多，或太疲倦了，不練琴。）

當他生氣時，容許他發點脾氣。

當他犯了錯，處罰時表示難過而不只是單純的氣憤。

偶爾為他洗洗澡、擦擦背、摺摺被子。

每天送他上床，給他蓋好被子，講兩句閒話，擦擦香港腳藥什麼的。

不要對他說兄弟姊妹或鄰居小孩怎樣好怎樣棒。

不要眼睛一直盯著他的缺點，嘮叨個不停，更不使用「你這個傢伙！」「你這不長進的東西」「你這塊料」等損及自尊心，表示你把他看扁了的詞句。

不讓他在朋友面前失面子。當他未經你的同意答應了朋友的邀約，不為了維持自己的權威硬不准他赴約。

當他為考試開夜車時，不藉機教訓他讀書該平時努力，而悄悄地送給他一杯他所喜歡的飲料，或靜靜地坐在一旁看小說。

當他盡了最大努力，成績仍然不理想時，給他打氣。

不因爲他的不夠好的表現而剝奪他應有的權利。（如服裝、食物、零用錢等。）

用只有自己家人用的暱名稱呼他。

傾聽他訴說學校的趣事。（即使你不以爲然的也不批評。）

不只注意他有沒有做功課，也想到他有沒有娛樂，有沒有運動。

隨了年齡的增長，容忍他的反抗言行。

容許他有他自己的社交活動，表示出完全的信任，如果他不講，也不追問。

在服裝上給予他最起碼的滿足，不使他在朋友間有不如人的感覺。

給予較多的零用錢（能力所及）使他在正常的交往中能夠有來有往。

還有，最重要的爲他盡量使家中充滿了和樂溫馨的氣氛，不要爲小事與你的另一半爭吵、賭氣、鬧意見。

其實，表達愛的方式實在很多，常常因人而異，不過，大原則永遠是不改變的，那就是：給予、付出、犧牲而絕不抱怨。

有些父母雖然遵循著這原則，甚至到忘我的地步，可是由於方式不當，以致

傳給孩子的竟成了：限制、壓力、不關心、不需要、不愛！唉！

過寬優於過嚴

看了我列舉的表達愛的方式，你必定會覺得這是一種有失放任的管教方式。其實，這也就是我欲強調的，因爲從我的經驗中證實：過寬雖然不是理想的方式，至少優於過嚴，既然我們做事做得恰到好處的時候並不多，常常不是偏高就是偏低，在管教孩子時能做得處處合理也不容易。如果必會有偏差的話，請偏向寬容吧！因爲寬容至少不像過嚴一樣，會導致：撒謊、陽奉陰違、沒有責任感、沒有自信心、沒有自尊心、不能自律、與父母關係惡化等惡果。

我原就擁有極大的容忍能力，又近犧牲付出的天性，所以在帶孩子時，很自然地就偏向了過寬，想不到竟與最新的管教方法不謀而合，眞是值得慶幸的事。

老大是個侵略性較強、要求很多、慾望很高的孩子。在所謂第一少年期（兩歲—三歲）時，一屁股坐下來搓腳大哭大鬧的事經常有，罵「壞媽媽」舉起手欲打媽媽的情形也不稀罕；到九歲至十歲那段自我覺醒時期，也曾著實彆扭了一陣

子。朋友們目睹風暴，有的會爲我擔心：「這麼小就這樣子，以後怎麼管得了？」有的會爲我出主意：「在我們小時候，我媽媽……」

是個性所使，也是兒童教養書籍給我支持，我並沒採取嚴厲的方法，當然，有時也會氣，氣到關他房間，打他屁股，不過，往往，他的哭聲還未止房門就打開了，打過屁股又抱起來哄了。到現在，已經十一歲了，雖然仍然會有發脾氣、頂撞的行爲，可是極少了，通常顯得講理而合作。不是乖順，而是明是非、自律。難道這不就是我們管教的目標嗎？聽父母的話當然是好德行，不過，如果只是由於怕而聽話又有什麼意義呢？許多孩子在家裡很乖順，可是一出門就很難管，許多孩子小時候唯父母的話是從，到大了就做出讓父母焦急的行爲，不都是由於未能培養其自律的能力嗎？

其實，過嚴的最大弊端就是剝奪了孩子自律的機會，孩子自己沒了行爲的準則，一切都是由於「父母這樣說的」！而當犯了錯之後，不是受到內心的責備，而只是怕父母的處罰。

撒謊也多是由於懼怕而生。很多父母爲了孩子撒謊處罰孩子，沒想到要想糾正此一壞習慣，唯一的方法是讓孩子感到「說出來並沒什麼關係。」甚至「讓父

母知道了可能獲得幫助。」而要想給孩子這種感受，必須平時不爲他的過錯給予過於嚴厲的處罰。

一方面想培養孩子的自信心，一方面又讓他生活在批評裡，讓他覺得自己的一舉一動都不爲你所欣賞，一舉一動都有錯誤，不是妄想嗎？

當他感覺到你所加給他的種種管教是一種束縛，是一種壓力，是一種自我的滿足時，他就會疏忽了你的好意，而只想遠避，那還談什麼管教呢？

當然，寬到不問不聞是絕對不行的，而寬容也絕不等於放任。

寬容中最重的一項應是容許孩子發抒感受。

大人生了氣會罵人，會打人，會摔東西，爲什麼？出出氣！大人受了委屈要找個親人訴訴苦，要寫日記，或是借題發揮痛哭一場；曾經有位上有公婆下有小姑的同事，有次氣起來切菜時把手指切掉一小截，爲什麼？還不是發抒情感！情感是一種含有極大威力的力量，合理的、適度的情感是人類一切活動的動力，可是得不到適度疏導的情感，卻是一股破壞的暴力。孩子們跟大人一樣地有他的感受，容許他發抒出來，好壞一樣，特別是壞的。當然，我們不能容許孩子罵人、打人、摔東西，不過，當他說：「妹妹好壞！是壞蛋！」「壞媽媽」，或坐下來大

哭，或砰一聲把門關起來時，就不要當作新的罪行來責罵他了吧！因為那充塞在他胸腔裡的怒氣必須找個出口，否則，……。

教孩子自律重於一切

杜森博士曾說過：「管教的最大目標就是使孩子成為一個能夠自律的人。」這一句話的另一種說法就是：「教孩子自律就是管教。」如何教孩子自律呢？杜森博士在他所著的《怎樣教養〇歲到六歲的孩子》中有著極為詳盡的說明，而在那許多原則中最重要的就是：給他機會建立一個強而有力的自我意象。

所謂自我意象就是自己對自己的一種概念。一種看法。自我意象的形成是逐漸地，自出生那一刻起就開始，而你對他的一舉一動，一言一行都在他的自我意象上留下重要的影響。如果你了解怎樣做有助於增強其自我意象，（杜森博士的教養重點即在此）而且一直努力試著這樣做，你就是在幫他成長為一個能自律的人了。這不只關係著他的行為，也關係著他在學校裡或日後在社會上的成就，實在很重要。

也許你希望我在這裡把助孩子增強自我意象的方法告訴你算了，可是，把長達十萬言的書的內容濃縮在這裡實在不可能，不過，我將告訴你幾個大原則：

一、使他覺得世界是友善的，別人是可信賴的。

二、使他覺得自己是被愛的。

三、使他覺得被信賴。

四、使他覺得可以按照自己的方式做任何事。

五、盡可能讓他自己從錯誤行爲中攝取教訓。

六、使他覺得自己很行。

所謂強而有力的自我意象，就是對自己充滿了信心，覺得自己「能」「好」。當然，這跟盲目地妄自尊大不一樣。隨了年齡的增長，他對眞實的自我會有較眞確的認識，他知道自己的優點，也了解自己的缺點，不過對自己的信心卻永不減退，他會設法彌補缺點，發揮優點，勇敢、積極地在人生的路上邁著他的腳步。

說到這裡，你也許會說：「這已超出管教的範疇了。」可是，管教原就不只是處罰孩子的錯誤行爲啊！它包括了太多比處罰更積極更具建樹性的意義呢！

書籍是最好的管教工具

自律的基礎是懂事理、通人情、有是非觀念。這些學校裡會教一點，父母也會講一點，從成人世界中也會發現一些楷模摹仿一點，可是這畢竟有限。何況學校裡老師忙於灌輸考試必知的知識，往往把德育列爲最不重要的一環，父母的訓話也往往被孩子視爲耳邊風，而老師、父母本身又知道多少呢？

可是，事理、人情、生活的各方面都被寫進書籍裡去了，世界上，自古有多少擁有偉大靈魂、睿永智慧、高尚情操、或豐富生活經驗的人，以優美的、動人的文字把這些寫進了一部一部的著作裡，成爲我們人類文化的遺產。

鼓勵你的孩子走向它們吧！有人說：「學琴的孩子不會變壞」，有人說：「學繪畫可以培養孩子高尚的情操」，也有人主張孩子應該多運動，給他們一個發洩精力的機會，而救國團每年利用寒暑假舉辦育樂活動，目的還不是給青年們一個參加正當娛樂的機會！都是很有心理學根據的說法跟辦法，只是，爲何沒有人提倡以閱讀當作孩子德育的方法呢？喜歡閱讀的孩子不但明事理懂是非，對邪惡的、壞的、卑鄙的、下流的、骯髒的……會有一種本能上的抗拒與厭惡，而對美好的、高尚的、潔淨的、正直的……會有一種自然的傾向，像這樣的孩子，在管教上還要費什麼力呢？因此鼓勵孩子閱讀不但是管教的方法，而且是最省力最有效的方法。

還有，閱讀必定會使孩子具有較深的內涵，如果多讀一點文學名著，作者偉大的靈魂、睿智的思想、高尚的情操將使他享有更豐富更有意義的生命，過一種更有情調、更充實、更具創造力的生活，而這一切將使男孩更英俊、女孩更優雅。

「你們想要漂亮嗎？把頭髮留長一點，弄彎曲一點，或是穿最時髦的衣服並沒有用，多看點文學作品吧！」我常常這樣向那些半大不小的女孩子建議。

及早採用有效的方法

怎樣才是有效的方法？就是你的管教眞的會發生作用。

美國著名心理學家高登博士於一九六二年在加州創辦了一個「有效父母訓練班」，目的是把心理學家在建立有效的父母與子女間的關係的方法與原理原則教

給做父母的，讓父母們在執行其職責時，能夠使用最有效的方法達到最高的理想。此一訓練班到一九七〇年就已發展爲遍及十八州，共有兩百多個分班了。高登博士說：「很多受過訓的父母告訴我們，在管教孩子時可以永遠不用處罰，不只是體罰，什麼處罰都不必要。父母可以不必仰賴懼怕而教養出有責任感、自律、而且合作的孩子來。他們可以學會如何影響孩子，使孩子言行合宜，不是由於怕處罰或被剝奪權利，而是考慮到父母的需要。」

高登博士把在訓練班裡所教的原理原則及技巧，寫成了一本書，就是《如何有效地管教孩子》。這本書在美國已成暢銷書，使千千萬萬沒時間，沒機會進父母訓練班的父母們也能成爲「父母專家」。

在這本書中先提出如何讓孩子肯向你傾訴，再討論如何講，孩子才肯聽你的，而最主要的部分是處理父母與子女之間的衝突的方法。

孩子有什麼話肯對你講，有困難肯告訴你，就表示他與你之間存在著一種親密、溫暖的關係，也是成功的管教的基礎。一般父母常用的談話方式（高登博士列出十二種）往往就是阻塞孩子向你傾訴的因素。你以爲是趁機施教，殊不知是在一點一點的關閉孩子的心扉，待他有什麼話寧願對朋友說，肯對心理醫生說，

而對你絕不吐露的時候，你與他之間的代溝就形成了，想跨越它給予他生命途中最需要的幫助（父母的管教）就太難了。

怎樣的談話方式才是有效的？高登博士謂之主動傾聽，其他兒童教養書籍上名之爲「情感反射」。其實就是把你所了解的孩子的感受不加可否，不表示任何你自己的意見地告訴他。即使他罵了你，你也只說：「我知道你很氣。」好像很怪，對不？可是，我試驗過，他不會繼續發脾氣了。而一般說來，這種談話方式可引著孩子漸漸地找到問題的癥結，獲得解決的途徑；是自己的錯誤，當然也會發現。如此，也是加強孩子的自我意象的方法。

如何孩子才會聽你的？高登博士謂之「我型談話」，也就是說出你的感受。適用於孩子的行爲跟你的利益相衝突之時，你說出你的感受，比直接禁止有效。的確如此。

當這種衝突是日常生活中經常發生的行爲時，可採用協調的方式，共同商量一種雙方都覺滿意的解決辦法。

至於怎樣反射情感？怎樣才算「我型談話」？怎樣協調？……請讀專家寫的作品吧！而且要儘快，因爲有效的方法是越早採用越有效；待代溝已經形成，孩

子已經長大，再有效的方法也沒用了。

在《怎樣教養〇歲至六歲的孩子》中杜森博士還提出一個原則：加強好行爲，那就是：當孩子有好行爲時就鼓勵，壞行爲根本不予理會，用於幼小的孩子，應該是有效的。

其實，你只要在日常生活中處處表露出你的愛心，而且奉行著寬容的原則，當孩子遇到挫折，給予同情；當孩子犯了錯誤，設身處地爲他著想；當他有好表現時，予以加強，引以爲榮；表現不夠理想時，不在別人面前宣揚，卻伸出援助的手；……不管你用的是什麼管教方法，孩子多不會對你關閉起自己的心扉來，相信嗎？

許多望子成龍、望女成鳳心切的父母，在孩子小時以過分的保護，使之未能得到適度的學習獨立、自律、責任的機會，入學後又以過度的督促及幫助，使之失去主動學習的精神，待孩子成了沒責任感，不知自律，不肯上進時，又只知用處罰，加壓力，唉！

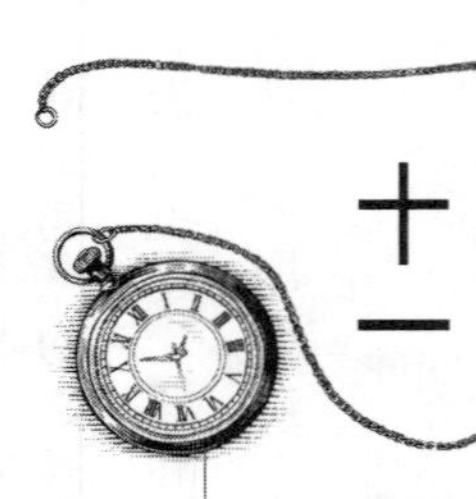

十一 智力的啓發

智力不是知識。
智力是一種學習的基本能力。
父母可以幫助孩子提高其智商。
孩子四歲時的智力相當於成年時的一半。
以上是幾個討論這問題必先弄清楚的現代心理學上的發現。
由於智力不是知識，智力的啓發就不等於教孩子認幾個字，或教數數。由於父母有辦法提高孩子的智商，關心孩子的父母應該盡力而爲，而且要趁早，因爲

四歲時的智力應該相當於成年時的一半。要多早呢？自出生時就開始。

如何啓發呢？拙譯杜森博士所著的《怎樣教養〇歲至六歲的孩子》一書的重點之一就是這問題，其中提出許多我們想都沒想到與智力有關，實際上卻嚴重影響孩子智力的行爲，也教我們許多有效的方法，希望你願意找來看看。下面我所提出的並不是它的簡述，而是糅和了閱讀心得的生活體驗，希望能給你一個概念。

以愛撫啓發

老一輩的人有一句經驗之談：「愛哭的孩子比較聰明。」也就是說：「聰明的孩子比較愛哭。」好像聰明是因，愛哭是果，其實，事實上應該是由於愛哭，孩子才變聰明起來。爲什麼？從前的父母都怕慣壞孩子，可是，再怕慣壞，任讓孩子哭得接不上氣而不顧的父母畢竟還少，於是，愛哭的孩子得到母親抱起來哄哄拍拍搖搖的機會就多些，而這種抱抱哄哄拍拍搖搖的動作，不但傳給他你的愛，同時也是智力的啓發，故有空時多抱起你的小寶寶逗弄逗弄他吧！別任讓你

的乖孩子整天躺在小床上瞪著空白的天花板吮大拇指吧！想想看：他的不哭不鬧換得的卻是得不到應得的愛撫，不是太不公平嗎？如果因之潛能不得發放出來，父母不是要遺恨終生嗎？

以語言啓發

有些嬰孩還沒滿月就會用眼睛向你說話，當你用手指撥弄一下小臉，他竟會笑一個，再大些，就會發出咿咿呀呀聲音。大部分的母親都會以同樣的語言與他交談起來——是訓練語言？也是智力的啓發。

我的老二一歲半了還不會講話，快兩歲了只能說爸爸媽媽。什麼原因？逗弄得太少。那時候，受了電子工業、加工廠興起的影響，傭人不但工資高而且難找，爲了經濟算盤，帶她的保姆多是夜校生。夜校生，十幾歲的女孩子，不好玩就是用功，帶孩子只是爲了賺點生活費，對孩子多沒耐心，也沒閒情去逗弄；而我們回來後，要忙家事，也沒多少時間逗她，再加上語言能力已相當強的老大，總是把講話的時間占去……唉！現在，她的表現雖然一切正常，語言能力也不

錯，學業成績也算優秀，想起未能及時給她啓發，總不免覺得內疚。

老大是個好問的孩子，不管在家跟在我屁股後面轉時也好，手牽手去散步也好，總是嘀嘀咕咕問個不停，他讀的幼稚園地處我去公車站的途中，（新社區，去公車站有一段相當長的距離）每天早上，我先送他去學校然後去搭車，那是怎樣難得的交談機會啊！我們手牽手走在沒有什麼車輛的街道上，走在稻田間的小徑上，走在種了各種蔬菜的空地邊，稻秧上露珠閃亮，稻穗低垂，青草間有蚱蜢，花菜包起來了……多少談話的題材！

耐心聽孩子說，耐心回答孩子的問題。——是訓練語言，也是啓發智慧，同時，擁有這些時光也將是甜美的記憶吧！

以玩具啓發

「把嬰孩放在空無所有的房子裡，沒的好看，沒的可聽，也沒有愛撫，只給予適當的營養與生理上的照顧，結果孩子不但在智力的發育上極爲緩慢，連體力的活動也很差，死亡率也很高。」

從以上這心理學上的實驗結果我們可看出什麼呢——愛撫與環境刺激對孩子的發育的關係。

孩子的智力潛藏體內就像生命寓於種子內，給予種子充分的陽光與水份，它才會發芽生長，而孩子的智慧需要環境的刺激才能發放出來，玩具即是我們給孩子增加環境刺激的方法，最有效最簡便的方法。

「玩具是孩子的教科書」杜森博士這樣說。遊戲即學習。不過，買玩具也要內行，否則花了錢買不適宜或沒有多大教育意義的玩具，也是浪費。（請參閱「孩子的玩具(二)」）

有許多玩具雖然極具教育價值，價錢也可觀，可是，並不耐玩，並不是製造得不夠堅固，而是極易失去新奇感，失去新奇感的玩具也就失去了意義。所以當孩子把買回來沒有多久的玩具棄之不顧，不要罵他，當他把還好好的玩具拆散得七零八落也不要罵他，其實，後者是使玩具發揮其第二次效能的方法呢！如果鼓勵他把拆散的玩具裝好，或是重新設計，就是第三次利用了。

以自由活動啓發

一般說來，中產階級的孩子受到的教養可能是最好的。父母的教育程度夠水準、生活安定、經濟能力可以負擔、又關心孩子、肯爲孩子的教養費心……，不過，有一點多做得不夠，那就是：讓孩子自由活動。

他們有的是怕孩子受到傷害，有的是怕孩子弄得髒兮兮的，有的怕孩子學壞……理直氣壯地把孩子關在家裡，關在門窗陽台上都圍著鐵欄杆的公寓房子裡，而在家裡，也常常爲了家裡的整潔、孩子衣物的整潔等原因限制孩子的活動。這對孩子的最大影響就是：堵塞了他向環境探索的好奇心，磨鈍了他向未知進攻的衝勁，也會由於少與外界接觸，待他非走出那溫暖安全的小天地來不可時，顯得手足無措不知如何應付了。

人類的幼稚期比起一般的動物來是比較長，可是把孩子硬圈在自己的羽翼下，不肯給他自己出去闖的機會，就失去教養的意義了。有朋友的孩子要出國，母親這邊打聽那邊拜託，唯恐會出差錯；父親陪她辦手續，當結匯畢，父親要她把錢拿回家時，女兒說：「給我弄丟了怎麼辦？」至此，父母才恍然領悟到孩子

已經長大了。

以玩伴啟發

每當孩子去買玩具時，我總是不厭其煩地向老闆請教玩具的玩法，而老闆常常以「小孩子自己知道玩法。」來回答我，事實上，眞的，他自己拿來就會玩。——這並不是說孩子對玩玩具有本能上的領悟力，而是從玩伴那裡早就熟悉了該種玩具的玩法了。孩子們在一起玩，除了學習與人相處外，也可彼此學很多，特別是語言能力、遊戲的玩法、與運動技能等。中國不是也有「獨學而無友，則孤陋而寡聞」的說法嗎？

從朋友那裡可以學習到有益的事物，也可能學到一些壞習慣劣行爲，做父母的應該留心孩子的玩伴，而要想了解孩子的玩伴的最好方法是容許孩子把玩伴帶回家來，小孩子玩在一起當然會吵吵鬧鬧，容忍一下，讓你的家成爲孩子的俱樂部，至少一週有那麼一段時間，孩子的朋友可以毫無拘束地到你家來，你將很自然地了解孩子與朋友相處的情形，不必待孩子行爲上有什麼不當的表現，只有空

著急的份，一點也幫不上忙了。

以圖書啓發

我曾經把書籍當作玩具，也曾把書籍當作管教的工具，而現在，我又說：「以圖書啓發孩子的智力」！你會以爲我太重視書籍了嗎？可是，當我想到那些幾千元買一件衣服，幾百元剪一個頭髮，房子好幾棟，銀行裡、合庫裡、互助會裡到處是存款，卻不捨得爲孩子買書的父母，就恨不得到處張貼、天天吶喊：你關心你的孩子嗎？那就多給孩子買書吧！

只要是好書，永遠不會太多。讓你的家裡，不但書架上擺滿了書，書桌上放著書，就是飯桌上、床頭上、看電視的沙發旁都有幾本書，隨時隨地，眼睛一抬，就可碰到書，一伸手就可拿到書；而你每個月總要爲他們增添幾本新書，而當有什麼假期將屆時，也不忘了閱讀也是度假的好方式。

買回來的書也許他還不能了解（最好買適合他的閱讀能力的書），別急，先擱一擱有什麼關係？不過別忘了到他能了解時提醒他。把書找出放在他方便看到

的地方，在談話時講一點書的內容，或是選一段能引起興趣的來讀給他聽，——都是有效的提醒方法。

也許你要說：「我不否認書籍的重要性。可是，閱讀是增加知識，跟你給智力的啓發所下的定義好像沒什麼關係。」

可是，書籍的內容實在包含得太廣太深了，尤其是文學作品，它們給我們知識，滿足我們的求知慾、好奇心，卻也引動更強烈的求知慾與好奇心、激發我們的興趣、涵養我們的性靈、使我們懂得觀察、體驗與深思，……噢！閱讀所給孩子的啓發實在太多了，已不只限於智力的範疇了。

你願好好利用他們嗎？下面是幾種方法：

一、**玩圖書**：這一點我在「孩子的玩具」一章中，曾經盡可能詳盡地談過了，不過，既然這是我覺得永遠強調得不夠的論題，在這裡我還要說幾句：在孩子還不會說話，能坐在遊戲欄裡玩搖搖鼓時，就開始給他書。他也許會撕，也許會咬，可是也會一頁一頁地翻著看，如果你肯爲孩子費心，這正是啓發智力的好時機。——指著書上的圖書告訴他各種東西的名稱，他將藉此認識許多在日常生活中接觸不到的東西，也就是生活領域的擴大，而學著說就是語言能力的訓練。

二、**讀圖書**：待孩子的語言能力到達可以聽懂一整句話了，你就可讀簡單的故事書給他聽了，記得，是照書讀。不要怕有些詞句他可能不能領會，唯其如此，他的語言能力才有進步。最好規定一個固定的讀書時間，養成習慣。

三、**看圖書**：雖然說在你讀故事書給他聽時從不強調認字（也不應該），可是一本書讀過幾次之後，他很可能認得幾個常常出現的字了，而配合著圖畫，再憑這幾個字，他也許會自己捧著故事書看了。讓他看，鼓勵他唸給你聽，讓他覺得自己聰明能幹得不得了，他會繼續看的，也會向從未看過的書進攻的，當他拿起報紙從上面找出自己認得的字時，他會興奮、得意的，你不是也該陪他得意一番嗎？當他在公車上指著廣告、招牌唸白字時，也別覺難爲情吧！因爲他原就不該認得這些字的，而這種學習的興致與勁頭不是該鼓勵嗎？

四、**買圖書**：有些父母說：「該買些什麼書呢？」有些父母說：「眞是沒時間去逛書店。」也有些父母，特別是那些在別的方面肯花錢的父母，會坦承：「眞不捨得買書呢！」，其實，只要略具教育程度，到書店裡去仔細翻閱一下，記住「漫畫連環圖不是好書」的原則，就不會錯到哪裡去。（請參閱「書籍爲玩具」）

至於時間？即使你是沒有傭人自己在家帶孩子，離市區又很遠，也該有辦法抽出

幾個鐘頭來的；譬如說，在孩子午睡時，請鄰居照顧一下，姊妹來訪時，或星期假日先生在家時。當孩子已經會走路時，帶他一起去不更具意義嗎？讓他看看「那麼多書」也是教育呢！

現在有很多大型的圖書連鎖店，甚至連大賣場都有圖書專櫃，各種書籍不但齊全而且會有折扣，所以就放心地到街角的或去菜場途中的那家書店去看看吧！

五、逛書展：逛書展的最大好處還不是便宜，那麼多家出版社出版的各種書籍以最引人注意的方式陳列在一起，精美的印刷，精美的封面設計，構成了怎樣一個五彩繽紛的世界！當你漫步其間時，不想走進去探索是不可能的，再博學的人也會因爲發現有這麼多書沒有讀過而覺學疏識淺，而小孩子會怎樣感受呢？

六、借圖書：圖書館雖然多，但有些兒童讀物並不齊全，所以借圖書的對象還是以親友爲主。在「書籍爲玩具」一章中我曾說孩子小時最好不借圖書，因爲太多的限制可能會減削了孩子閱讀興趣，不過忘記了提另一種很普遍的現象：有借無還。「幾本破破舊舊的小孩書！」也許這就是那些把借來的圖書擱在自己孩子的書架上的父母的想法，另一理由可能是「他們都已看過了，還要了做什麼？」可是，孩子看圖書不是看一遍就算的，他會過些日子再找出來看看，即使不看，

擺在書架上的那種擁有感就是愛書的基礎，如果父母隨意把他們的書「借」給了別人，如何培養他們愛書的習慣呢？

另一方面說，如果父母從來不肯花錢給他們買書的孩子，對書籍又怎能生重視之情呢？

因此書是可以借來看，不過也應買一點，而借來的一定要記得歸還。朋友間組織一個互助會，有計劃地分配買書，交換著，倒是一個公平、省錢的辦法。

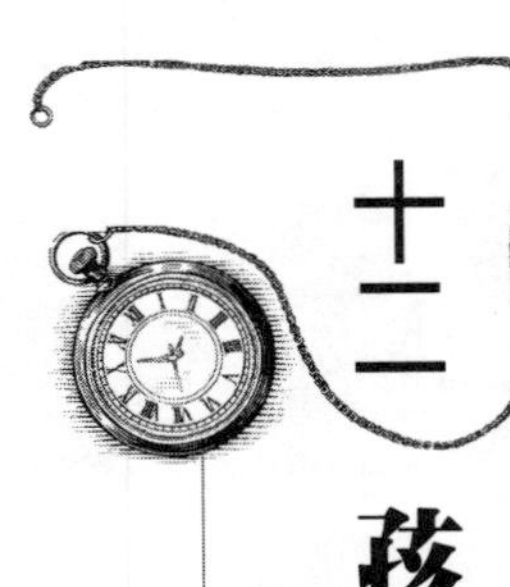

十二 孩子的學業

升學的壓力重重地壓在孩子的身上，也重重地壓在父母的心上。在升學競爭如此劇烈的現代，不關心孩子的學業的父母恐怕很少了。可是，正像我在拙譯《怎樣幫助孩子進大學》的序言中所說的，有的開始得太晚，有的方法錯誤，結果不但使孩子沒有眞正學到點什麼，即使考試的目的也難以達到，多麼令人惋惜！

《怎樣幫助孩子進大學》也是一本易遭人誤解，結果誤了多少有心的父母的書！許多父母說：「我的孩子還小，入大學還早哪！」可是，要想孩子能順利進

入理想的大學，而且學有所成必須趁早，該書是說該從三歲起，可是，如果把智力的啓發也算在內，應該是自出生時起，這是一本寫得很扼要很簡明也很實用很具體的小書，一兩個鐘頭就可以看完。看完之後，你將對幫助孩子的學業有了原則性的了解，也有了具體可行的方法。你應該找一本來看一看的，下面我要討論的，可能受其原則的影響，不過，多是針對目前我國教育界的情況而論。

智力的啓發奠定領先的基礎

如果你曾經盡量從各方面啓發孩子的智力，待他入小學時，他必定對周遭的環境已有了相當的認識，語言能力相當地強，對環境也有了相當的適應力。——已經夠了，你已爲他奠定了領先的基礎了，只要他具有不算低的智力，就可以順利地走他的學習之路了。

有些幼稚園自小班起就教寫字，到大班畢業，注音符號、簡單的加減法都已教過，字也寫了好幾十個了，用意也許就是給孩子一個領先的機會。其實，如果幼稚園裡沒有其他啓發智力、增廣經驗、適應環境等活動，單單會幾個字是絕對

沒法達此目標的。

事實上，提前教寫字不但無益，而且有害。按照兒童生理的發育情況來說，在三、四歲時，孩子的小肌肉還沒發育好，像拿筆這種小肌肉活動會力不從心，很可能導致孩子產生挫折、沮喪感，因之影響自我意象。還有，看看現代孩子的執筆姿勢！眞是千變萬化，無奇不有，正確的卻很少。什麼原因？在幼稚園裡雖然有寫字，老師卻不注意這些基本訓練，任讓孩子自由發展；家長也以「才幼稚園嘛」的心理不予理會；待習慣養成，再改起來就困難了。還有筆順，也是在同樣情形下讓孩子養成亂湊的惡習。而到小學後，老師也多注重「有沒有寫？」「寫得夠不夠？」「會不會考試？」這些小節也很少費神來管。唉！

注音符號的教學與小學裡的教法多完全脫節。小學裡在教學方法上不斷改進，早已採用直接拼音的有效方法，可是幼稚園裡卻仍沿用幾十年以前，那些老師自己學字母的方式來教，有沒有助益？沒反作用就應慶幸了。

大部分幼稚園的園長應該懂得這些，可是，在幼稚園林立的市區裡，爲了「生意經」，爲了迎合家長「望子女成龍鳳」的心理，除非特別有魄力、又有雄厚的資本，大多同流合教了。

常常聽家長說：「幼稚園讀一年就夠了，讀太久把孩子都讀油條了。」——在過去幼稚教育沒有這樣普遍時，讀過幼稚園的孩子，在那些初次入學，顯得畏畏縮縮的鄉下孩子中是顯得膽子太大，動作太隨便，學習起來太容易；可是，在經濟繁榮的工商業社會中，大部分孩子都有入幼稚園的機會，而很多母親也在工作的孩子，甚至自兩歲半就進了幼稚園，相比之下，你只讀了一年幼稚園的孩子就成了那少數畏畏縮縮的呆頭鵝了。同時，幼稚園既然已經不只是唱唱歌，跳跳舞，吃吃點心，一起始就進入大班，跟那些已經讀過兩年的孩子在一起，在許多方面一定會落在後面，雖然說幼稚園裡有許多課程不合理、對孩子無益，可是讓孩子一起始就落在後面，對他的自我意象是多麼殘酷的摧殘！

還有一點，許多父母好像等不及把孩子送進小學，如果孩子是九月三日以後出生的，常常千方百計地設法讓孩子能不延後一年入學，有的甚至不惜把孩子送到入學年齡限制比較不嚴格的鄉下去，讓孩子小小的年紀就寄居在親友家裡，嘗受寄人籬下的滋味。爲了什麼？「因幾天或一兩個月延後一年，豈不可惜？」好像是吃了大虧。也有的說：「提早一年入學，如果聯考失敗，還有一次機會。」殊不知孩子的發育都是按照一定的程序依次漸進的，別看只差幾個月，很可能在某一方面的發育還不適於進入那種有競爭性的團體生活，像還不能持續注意，或是還不知遵守紀律，或是還不知學習是怎麼回事等，都可能導致孩子在學習上的失敗，而一起始就失敗，往後怎能超前？我們常常聽老師批評班上某某小朋友傻呼呼的，什麼也不在意，像這種孩子並不一定是天資差，很可能就是入學太早。

相反地，如果晚一年入學，在時間上好像遲了一步，可是只要能就此順利走下去，實在沒有什麼。而同等智力的孩子，先一步與遲一步在適應上差別實在太大。你願你的孩子輕輕鬆鬆地又成功地走他的學習之路嗎？別推著他搶先吧！

課外讀物是有力助手

如果說「爲學猶如金字塔」的話，讓孩子多讀課外讀物正是爲學問建立寬廣博大的基礎，孩子從讀物中吸取各種知識，也獲得閱讀、寫作、想像、觀察、判斷、推理、發揮，了解……各種學習必備的能力，這些知識與能力將助他極易接受老師所講的教材，而這種輕鬆的學習將是一種極爲愉快的經驗，將引導他對學習產生更濃更熱烈的興趣，要想學業不優良似乎很難呢！

雖然我把讀課外書喻作爲學問建立基礎卻不是先打好基礎再蓋房子的，這是一種打基礎蓋房子同時進行的奇怪工程。當然，應該在學前就開始教孩子閱讀，可是，待入學之後必須繼續，不只在小學裡功課壓力不大時閱讀，在課業負擔沉重的中學時代也不應間斷，到了大學，升學壓力解除之後，更要繼續，到了社會上，也不要懾於工作的挑戰性與競爭性或是自覺已經「學成」，已經「老大」，就每天除了報紙什麼也不看不讀了。

閱讀雖是爲學問打基礎，雖然是爲了幫助學習，卻不能只閱讀知識性的，或是與課業有關的書籍。——太專門的知識性書籍，譬如：圍棋入門、彩色攝影等只是一種工具；與課業有關的書籍是參考書，必須讀，嚴格地講並不算是課外讀物。眞正的課外讀物應該是那種看起來好像與課業無關，好像沒有多大用處的文學、哲學作品。也就是毛姆所說的「不讀會使你終生引以爲憾」的作品，也唯有這種讀物才能眞正幫助你的孩子。

當然，小孩子看不懂文學作品，可是，有兒童文學啊！

在印刷術如此昌明的現代，書籍的品質良莠不齊，而小孩子又極易爲「壞」的所吸引，我們做父母的在爲他們選擇讀物上必須費點心才行，在「書籍爲玩具」

一章中，我曾粗略介紹了一些優良的兒童讀物，在這裡，再列舉幾種不良的讀物：

一、**漫畫書**：其實應該是漫畫連環圖，那些像淘氣的阿丹、小亨利、大頭等以兒童生活爲題材的漫畫，可說是閱讀中的零食，雖沒正餐要緊，卻能收調劑之效。

現代的漫畫連環圖的內容多爲科學幻想故事，原無大礙，只是這種讀物印刷模糊、畫面凌亂、字體又小，孩子們捧著，公共汽車上、街燈下、客廳的角落裡緊張熱切地看著、看著、看著，書與眼睛的距離愈來愈近，仍然不肯停下來讓酸痛的眼球休息一下！——這是連環圖的第一個罪狀。

再來，有些忽天忽地、荒誕不經的內容雖不致產生孩子因看漫畫書離家出走，入山修道的惡果，對孩子卻也沒什麼助益。任讓孩子把寶貴的時間與精力花費在它們上面，豈不是損失！何況，這種緊緊抓住孩子的注意力，使之緊張熱切地一口氣讀幾本的讀法所形成的精神損耗，也比普通閱讀嚴重得多。還有，讀慣了這種不用花腦筋的讀物，就像吃慣了流體食物不能接受固體食物一樣，不能接受稍有內容的讀物了。

二、**言情小說**：雖然說很少小說不談愛情的，可是那種除了曲曲折折的愛情故事，甚至是畸戀、變態戀，別無所有的言情小說對那些情竇初開的少年來說，不只是虛耗時間，也可能產生武俠連環圖的壞影響，不能不防。

三、**武俠小說**：看武俠小說的多爲中年人，目的是爲了解悶，可是那種迷到連從公共汽車站到家那段路都不忍釋手的程度也眞是誤事；如果讀國中的孩子迷上，功課還會好嗎？千萬警惕。就像對電視連續劇一樣，不讓他有個開始，否則，就欲罷不能了。

至於所謂黃色的、黑色的讀物，如果沒有接近下流社會的人物可能沒機會看到；不過也應小心有些過分渲染醜惡、暴行、色情等新聞的報紙、刊物與作品。有些報紙以迎合成年大眾的趣味爲宗旨，有時內容就不免流於低賤、色情；有些作家誤認寫社會的醜惡面是新潮，爲現代，也會給孩子們看到一些不應看到，知道一些不必知道的事情，可能影響到他們的言行與學業，保護他們免於受害也是我們做父母的責任，對不？

讓他自己走才是久遠之計

有些父母，特別是受過中等教育、或本身就是教師的父母，對於孩子的學業非常重視，——當孩子還在幼稚園裡時，就開始緊盯，看他寫作業，催他溫習，幫他找重點，規定課外作業，先作考前練習……。結果怎樣？一二年級可能表現得不錯，平時作業不但能按時寫完，而且寫得很好，考試的分數也會相當的優異，可是，漸漸地，沒有人催就不知道寫作業，沒有人守在旁邊就亂寫一氣了，讀書不知找重點，不替他複習就考不好了。……甚至，把讀書看作苦差事，課業是替老師做的，替父母做的……。父母仍然很關心，可是孩子大了，獨立性使他反抗，父母的督促只是會令人生厭的嘮叨，……。怎樣辦？焦急的父母到處求救，卻很少幫得上忙的，因爲求學之路必須自己走，靠別人扶持是走不遠的。

不過，這也並不是說，在孩子的學業上父母可以放開手完全不管，那又不成了那些父母都爲生活日夜忙碌，知識水準又低的貧苦孩子的情況了嗎？那麼，父母到底該怎樣做才對孩子眞正有助益呢？

首先，不督促做作業。至少在開始時要給他一個機會，讓他覺得你信任他，

讓他覺得讀書是他的事，而不是父母的事。小孩子多好奇，而讀書就是一種能滿足好奇心的活動，只要你不給他加壓力，不讓他覺得這是椿非做不可的苦工，他多會滿懷興趣地做他的新功課的。大部分一年級新生都會放學回家後一放下書包就拿出作業來做，而且興高采烈地。

偶爾，他也許會沒有這麼「馬上」，那就等他一會兒，也許那天有什麼偶發事件影響了他的心情，也許有什麼特別的事物引去了他的注意力，待一會兒，他會想起來的。不要就覺得非要出面干涉不可了，非硬性規定不可。不要說：「我只不過和言悅色地提醒他一聲。」——提醒也是督促，請求拜託也是督促。

我的兩個孩子一直都能按時做作業，而且做得很認眞，也許該歸功於「我必須外出工作」這事實。當他們放學回來時我還沒有回來，根本就沒有機會督促，如果要我在家守著他們，很可能就會因急於盡盡母職而造成錯誤。在假期中就是例子：我們大人也常常會在假日早上多睡一會兒懶覺，起來又覺得懶懶散散的對不對？可是，卻容不得孩子稍微懶散一下，總認爲孩子該有「責任第一」「把握時間」等優良德性，而培養這種好德性的責任就是自己，於是當孩子睡到七點才起床，起床後又懶懶散散地看報紙，心中就忍不住要發火了，待他吃了飯又坐到

沙發上就眞的發作了，可是，說不定再一分鐘他就動手了。「你都不給我一個自動的機會。」有一次，當我提醒八歲的老大彈琴，他說。「時間已經到了。」——看看錶，分針還指在規定的時間上。下次，我咬住舌頭不吭氣，過了不過兩分鐘，他就進來彈了。

——孩子，尤其是在開始有獨立性的年歲，你的催促會使他覺得自己在被你控制、被你支使，也就是沒有獨立感了，爲了掙脫束縛，他會故意不聽督促，豈不是反效果？

如果孩子眞的不喜歡做功課，如果你不管，他很可能就不做功課，甚至對老師的處罰也不以爲意，怎麼辦？

一、不要對著孩子批評老師作業規定得不當。雖然事實上有太多老師規定了毫無意義卻過重的家庭作業。孩子對作業失去興趣，甚至產生厭惡心，這種老師實應負起相當的責任，不過，不要對著孩子批評，暗地裡私下跟老師談談倒是必要。

二、與孩子共同商定一個做作業的時間。

三、當孩子未按時做作業，不准他從事他所感興趣的活動，如看電視、上街

玩等。

有些母親訴苦說：「小芬並不是不做功課，可是做得太慢，一面做一面玩，寫一個字玩半天。」

有的母親說：「小強的功課做是按時做了，可是，那種字呀，鬼畫符一樣！」

這些情況也實在傷腦。歸根結柢，都是由於對做作業沒有發自內心的興趣，也缺少認眞的習慣。要想糾正不是不可能，卻很難，可是，可以避免。避免的方法就是在開始時，不要以督促驅逐其興趣，不要以過多無意義的抄寫作業來磨損其興趣，不要看他在玩，就責罵他不做功課，再激發起對字體美觀整齊的重視。……當他覺得作業是他自己的事而做得好必受到稱讚與鼓勵時，你多會不必爲他的作業費什麼心了。

養成溫習功課的習慣

在孩子初入國中後，許多父母會奇怪地說：「怎麼？怎麼進了國中反而功課輕鬆起來？天天都沒有功課！」這完全是一個因小學的錯誤教學法所導致的錯誤

觀念，在小學裡，老師把該複習的內容統統以寫的方式規定作業，——生字每字多少遍，新詞多少遍，「自修」那一項抄多少遍……。又由於包班制，老師可以隨意調課用，講課的時間多，複習的時間也充裕，把老師規定的功課認眞做過，很可能考試就沒有問題。於是，給孩子一個錯誤觀念：「寫作業就是做功課」。到了國中，大部分課業都是「回家看看」「讀一讀」，是溫習熟記，寫作業即使不是最次要的一步，至少是最後的一步；如果不寫作業就沒功課，那眞會好幾天沒功課呢！而結果怎樣？像英語、生物、史地等功課留待考前一起溫習？又多是考前又趕進度！怎來得及？

所以在孩子進入國中之前，或是一進入國中，第一件事就是讓孩子糾正這一「寫作業就是做功課」的錯誤觀念，讓孩子養成每天溫習講過的功課的習慣。至少英語要讀，每天不管有沒有課都要讀，大聲朗讀，不是單字的拼法（當然也要記單字）而是課文，讀到會背，要背熟，背流利，背到能脫口而出。英語很難嗎？如果從國一起，如此讀法，再稍加文法的了解，怎會難？如果你曾經予以提早學習，口語已很流利，學起來就像已會講國語的孩子在小學學國語一樣，就更輕鬆了。

其實，在國小時就該幫孩子養成「不是寫完作業就做完功課」的習慣，國語讀一讀，常識記一記，能夠指導孩子摘要、記筆記更好。

摘要的好處，是使孩子對教材能有比較深入的了解，像歷史事件的因果關係，前後經過等都會獲致一種整體的觀念；用自己的話簡要地記下，考試前，極短時間內就可全部複習一次，像升學等大範圍考試，更是必須。

我自己在讀書時老師還沒有現在老師的認眞，不但考前不代爲複習，講解時也不會再三提出可能考的重點，更不以考試作爲督促學生讀書的方法；家裡的人更不像現在的父母這樣爲孩子的學業費心，可是，我們都能按時溫習功課，由於沒有壓力，我們都是從容地，腳踏實地地研究，好像自初中起，我就開始自己整理筆記，待讀高中時，已經能夠將有關的教材採用與課本不同的系統重新歸納整理。像歷史，分爲政治體制、版圖、重要政績、重要戰爭、文學、藝術等項目將各朝代並列在一張大表上；像地理，分爲自然概況、邊界、河流、山脈、交通、重要城市、重要產物等，各省並列，眞是一目了然，絕不會有混淆不清的情形。有時，將一省所有要點皆以符號或簡要的字句記在一張自繪的地圖上，更清楚。

記得考大學時，我只有三個月的時間準備功課（三月份才決定要試一試），又只有晚間可利用（白天工作），史地我只看兩遍，第一遍寫筆記，然後把筆記記熟，結果竟也考了七十幾分。也許這不是很理想的成績，不過，我卻常常因之歸功於我這種下眞工夫的讀書方法。

現在的孩子表面上看起來好像很幸福——老師認眞，又有肯爲錢下工夫的教書匠編出各種參考書、測驗卷，父母又肯花錢代爲買書、請家教、或送補習班，可是，結果使孩子都不肯用腦筋了，不會用腦筋了，學習只是塡塞進一些零碎的知識碎片，溫習只是死記別人代找出的要點，而且要反覆練習過之後才會考試！唉！

有些老師連數學習題也以討論爲名替學生寫出答案，有些老師以反覆的考試來提高成績，而大部分學生以參考書爲教本、爲教師、爲寫作業的範本！你身爲父母，又關心孩子的學業，那就千萬留意吧！這些都是背著學生往前走的學習，怎能走得遠呢？

不作考前測驗

如果平時對功課都有相當的了解與溫習，又都有摘要及大綱，考試前又徹底地複習過，再作一下考前測驗，及時發現沒有注意到的，予以加強練習，這確是能使成績提高的方法。問題是：孩子多是被動偷懶的，到頭來很可能演變成：沒有溫習、沒有複習、沒有摘要及大綱，就以測驗當作準備考試的唯一方法。

如果是父母重點式地提出問題，就等於父母代爲找重點，孩子將有恃無恐，溫習時漫無目標地隨便記一點，——反正父母會代我找出重點！可是，即使是中學教員，大學教授，孩子一進了中學，學科內容專門化了起來，就沒有哪個父母能夠勝任這種幫孩子學習的工作了。怎麼辦？請家庭教師？進補習班？先撇開經濟問題及補習班的弊害不談，孩子養成了這種依賴的、被動的學習態度之後，自己都不會讀書了。我們常見一些中學生，功課並不是不了解，資質也不差，老師家長總是惋惜地說：「如果再努力一點……」。可是，就是努力不起來，成績也就永遠那麼差一點就很好了，什麼原因？不肯，也是不會主動地鑽研功課，只是被動地呑嚥幾口餵到嘴中的爛飯，沒有味道，也不夠營養，如此走學習之路豈能久遠！

如果是採用市面上流行的測驗卷，弊害一樣，而且，由於出題者唯恐有遺

漏，題目總是出得很多；唯恐不夠深度，總是挖空心思變花樣、出課外題，結果，做一張考卷就要花上近一個小時，如果做完了不檢討，檢討了不訂正、不記憶、不重考，這一個小時也就虛擲了，因爲：本來會的原就會了，本來不會的還是不會。可是，考試在即，功課那麼多，哪裡來那麼多時間呢？結果把本來可以溫習一科的時間也沒有了。至於題目的花樣與課外題，由於許多任課老師也迷信測驗卷，做過測驗卷的孩子在考試時可能因爲練習過而賺點便宜。不過，是眞的賺便宜嗎？練習過才會是眞本領嗎？如果沒有練習過能做得出才是程度夠，如果因爲沒練習過考試方式分數不夠高，只要不太低，也不足慮。記得，學習的目的不是分數，是求知，只要方法正確，步子就走得穩，就能走遠，眼前差一點不必焦急。

不要說：「考試原是評量學習成果的」。這句話並沒有錯，可是，如果將考卷先發給學生練習過，再以同樣的題目考試，所得的高分數能代替學生的學習成果嗎？先作考前測驗，題目雖然不盡相同，情形卻跟前面所說的一樣，何必多此一舉呢？

不採用參考書

本來，參考書原是指那些與教材有關的書籍，如果這樣，我這句話必定會馬上被攻擊得站不住腳了，可是，在今日的台灣，所謂參考書已成了那種根據課本把重點整理出來，網羅所有有關的，教科書因爲配合學生的程度留待以後才討論的補充資料，再附以測驗題的副課本的專用語了。

編這種書籍的多爲教學有年的教書匠，對聯考的出題方式又下過一番工夫，在出題目時極盡挖空心思的能事，在找補充教材時存了寧多勿缺的原則，整理重點時，更大膽地以各種符號標示出何者重要，何者常考，何者必考。像課文、習題也不厭其煩地代爲講解、解答。學生們視之爲寶書，很多以之代替了教科書，程度差的學生更拿來當救星，作業可以一字不誤地交出來，只要字寫得還可以，就能得個不算低的分數！很多老師也奉之爲圭臬，教課以前不翻教學手冊翻「參考書」，出題時不翻教科書翻參考書，有的就拿「參考書」到教室，講解啊！出題目啊，眞是方便又省事。

結果怎樣？弊害可歸納如下列幾點：

一、代爲整理重點，剝奪了訓練孩子自己找重點的能力；也就是把學習活動中最有趣味、最有意義、最重要的部分代孩子做了，剩下來的只有死記強記了。

二、太多補充教材，把原訂的教材系統搞亂了，而原應以後才學的教材提前學，益難了解，平白增加了學習的困擾。其實，國中的大部分教材都有點偏深偏多，中等天資的孩子吸收起來就很困難了，哪裡還有餘力來接納更多的可以說艱深的補充材料？同時，單單教課本時間就不夠了，老師如要補充，常常要把課本上的教材加速灌入，形成了囫圇吞棗式的學習，對補充教材更是一知半解，結果，容易的基本的教材由於未能從容學習、消化、熟記，難的更沒搞清楚，於是，學習的成果成了一片模糊。

三、課文與習題的解答養成孩子的偷懶習慣。「啊！明天要交作業，時間不夠了，抄抄算了。」抄一遍習題有什麼用呢？特別像數理科，原就是訓練孩子的思考力的，如果習題不是自己想出來的，數學怎麼學下去呢？

許多國中學生實在夠用功的了，夜夜苦讀到十一、二點，到聯考前那一學期，甚至不敢上床睡覺，結果聯考仍然進不了理想的學校，其中因素固然很多，迷信這種參考書是重要原因之一。——太多教材了，又一知半解的，要想全部裝

入頭腦而且會靈活運用，怎麼可能呢？

而把那些艱深的補充教材弄懂再記住要花費多少時間呀！時間精力本來就有限，勢所必至，要占去熟記課本內那些基本教材的時間與精力，而聯考出題的一大原則就是「不超出課本範圍」。該記的沒記熟，卻花大部分時間去弄那些不會考到，即使考到也不過占極少份量的教材！避重就輕，捨易求難的學習啊！怎會有好成果呢？

那些喜歡出課外題爲難學生的老師的藉口是：「學習不能以課本爲滿足，知識要會活用。」可是，別人代爲找來的補充教材，能算是主動研究嗎？考教過的補充教材就算活題目了嗎？基本的教材不弄清楚就求深入，不是把房子建築在沙灘上嗎？學者名流及教育當局都注意到國中學生程度的低落，都在研究提高學生程度的辦法，也注意到參考書的弊害，但願教師們能撇開個人的名利及求近功的作風，家長們也認清這種政府三令五申禁止使用的書，確是孩子學業進步的絆腳石，不再花錢買來往孩子的學習之路上堆。

到此爲止，我的話似乎都以國中學生的情形爲根據。其實，國小的情形更糟。一年級，國字還沒認識幾個就用「自修」，就相反詞相似詞地研究，有些老

師規定抄寫自修多少遍，有的孩子背選擇題背（一）（二）（三）。唉！教學發展到這種情況，哪裡是教育了？過去在科舉制度下的學生至少還背了一些經書，寫得一筆漂亮的字，寫起文章來至少不致錯字連篇，現代的孩子呢？在這種教育方式下只不過死記了一些知識的碎片而已。

十三 幫助孩子解決學業上的困難

讀書環境怎樣？

首先，看看他的讀書環境怎樣？

他有一個固定的讀書的地方嗎？當然，最好有他自己的房間，房間裡有他自己的書桌、書架，有檯燈、椅子的高度也適合，而房間又遠離家裡最吵鬧的客廳。如果家裡房子小，至少也該給他個角落，或飯桌，或小茶几，或做作業專用的椅子。

小學生多半不喜歡自己關在房間裡，他喜歡在飯桌上聽著媽媽在廚房裡炒呀洗的做他的作業，也喜歡把做作業的專用椅搬到大門口，看著來來往往的行人，或是在綠樹蔭下寫他的作業，甚至坐在電視機前趁廣告時間趕寫生字。由於小學的作業多是不必費腦筋的抄寫工作，在什麼地方做好像不要緊；可是，爲了他日後進了中學以後做那些必須十分專注才能有心得的作業，最好一起始就使他養成在固定的地方專心做作業的習慣，至於在電視機前做作業，應該絕對禁止，因爲那是潦草馬虎做作業的起點。

孩子的房間裡陳設最好要簡單，易引起他興趣分散他注意力的玩具、唱機、錄音機等物品，盡量不擺。

如果孩子做功課的地方是客廳、飯廳，設法將干擾減少至最低，並調整他的生活習慣，使之能利用比較清靜的時間做功課。

不管孩子做功課的地方怎樣，做父母的都該試著在他做功課時盡量不打斷他——不支使他做這做那的，不讓弟弟妹妹去吵他，不准他打電話接電話，當然，自己也盡量不看那些沒有多大意義的電視節目。

很多孩子喜歡找在一起做作業，可是能眞正互相研究討論的實在很少。年紀

小的孩子，找在一起總是玩夠了再說，要不就是東說一句，西說一句，你打我一下，我拉你一把，再就是你抄我的我抄你的；即使讀中學大學了也常常是手裡拿書，嘴巴談個不停，明明是準備考試，卻電影明星、歌星、服飾、郊遊、音樂，人生地談上一個上午，所以我對孩子一直堅持一個原則：在家做功課，做好功課再找同學玩。

也許你要說：「獨學而無友，孤陋而寡聞。」不錯。不過，我並不是限制孩子在一起，更喜歡見他們在一起討論問題，可是，談天說地，必須在把該溫習的功課、該做的作業都溫習過，做好之後，考試之前的互相討論可以增強印象、加深了解，不過，必須在自己已經全部複習過之後。常見有些自己已經溫習過的孩子要別人問他問題，這是聰明的做法，不過，如果對方是功課不太好的同學，就太自私了，其實，反過來，問問題同樣可收增強、加深的效果，對對方卻更有助益。也常見功課好的孩子爲同學解答問題顯得不耐，其實，如果不了解怎樣講得出呢？而了解還不太透澈的問題一經人講解過，就眞正了解而且印象深刻了，而從這種行爲中所獲得的自我意象的提升、自信心的增強，以及友誼更是以後更進步的力量。

不因成績不理想處罰孩子

「我從來都沒有爲他考得不好而處罰他呀！」很多母親會這樣分辯。

可是，所謂處罰並不只是指打一頓棍子，或是罰半天跪，或是剝奪他什麼權利。把臉拉長了不理他、憂慮得睡不著覺、吃不下飯，眼睛因流淚而紅腫，舊病因著急而復發……也是處罰，而就在心理上產生的壓力來說，應該是更重的處罰。

爲什麼不要處罰呢？

最主要的理由是：主動學習才是根本之道。如果讓孩子感受到是由於怕處罰、怕你憂慮而用功，那學習的動機就太弱了，當他已習慣了你的處罰，已不再以你的憂慮爲意，他將賴什麼力量來推動他往前走呢？

我們常見有孩子上課打瞌睡、講話、抄作業，在家裡，不催不翻開書本，而拿起書本來就打瞌睡。父母把他送到補習班，照樣講話打瞌睡，爲他請家庭教師，也只是被動地坐在那裡聽一聽，有的甚至老師那邊在講，他這裡耳朵裡插著收音機的耳機聽熱門音樂！像這些孩子已經把讀書視爲爲爸爸媽媽做的苦工了。

想要學有所獲？談何容易！

當然，大部分孩子還不致到此地步。他們知道讀書是爲了自己的前途，爸爸媽媽督促他學業是爲了他好。自己也知道要想有好成績必須用功，甚至並不表現出是爲了怕受處罰才讀書。可是，爸爸嚴厲的責罵與媽媽焦灼的眼神，卻一直迴縈腦際，或存於內心，形成一股無比的壓力，束縛起他的心志，阻塞了他的精神。他們很注重功課，可是讀得並不起勁，更缺少鑽研的精神，而到了考試時則緊張兮兮，該會的也答不出了，從來考不出自己的水準；考試後又患得患失，爲一分兩分追悔、難過，自己煩惱，同學又冷嘲熱諷，——這樣不愉快的學習生活，怎會有優良的學習效果？何況，重視分數，在學習時，很可能採取那種能奏近功的取巧方法。而這種方法多是不踏實的，根基不穩，房子怎能蓋起來？

還有，天生吾人不平等，對孩子的要求必須量力，硬要中等資質的孩子有優秀的成績，是打擊信心，是抹殺努力的成果，是摧毀自我意象；對資質聰慧的孩子要求保持第一名，其後果相當於因成績不理想而處罰，也是爲孩子製造孤獨的處境。

不過，我並不是說做父母的對孩子的學業不該插手管。相反地，孩子在學業上跟其他方面一樣，需要父母的協助，只是方法不是處罰而已。

「他並不是不了解，都是由於粗心！氣就氣他這一點。」許多父母這樣說。

——中等以上的學生，對教材應該能夠了解，可是，了解了不就等於吸收，不就等於運用；只有了解了，又全部吸收了，也能靈活運用了，才算完全的學會了。一分夠水準的試卷，應該能測驗出這些能力。所以當你認爲擁有相當聰慧的資質，又能了解教材的孩子，考試成績卻不理想時，不要只推給粗心就安心了，也不能只怪他不用功就算了。你要設法幫助他——找出原因，對症下藥。

生活起居怎樣？

再來，看看他的生活起居怎樣？

他會把握時間嗎？小學生放學回來，放下書包之後做什麼呢？先做功課嗎？還是先跑出去玩？如果你的孩子就讀學區內的學校，應該四點多就到家了。一般來說，這應該是家庭裡最安靜的時間——爸爸還沒下班，哥哥姊姊還沒放學，媽媽也還沒開始做飯，能夠在這段安靜的午後時間，有媽媽陪在身邊，或是獨自一人把當天的功課做好，然後放心地愛做什麼就做什麼，實在是好習慣。

有的孩子可能情願先洗個澡，換上舒服的衣服，吃點點心再開始，也好。

至於丟下書包就往街上跑，玩到卡通影片開始才匆匆趕回來，然後在電視機前坐下來，看一眼寫一字，或是眼睛瞪著電視手在本子上亂畫，或是飯後，硬撐著坐在書桌前，一面寫一面打瞌睡……都是要不得的壞習慣。

還有的孩子，他並不急著出去玩，也不熱衷於電視，他整個晚上或是整個上午坐在書桌前，慢慢磨蹭，寫一字玩一會兒，看一句玩一會兒，眞會急死人。

「趕快寫，寫完了再玩！」這些孩子的媽媽多會這樣催了又催，然後長長嘆口氣：「你會被他急死！」

爲什麼會養成這個習慣？很可能在開始時媽媽太重視他的功課，「做功課！做功課！」地催個不停，當他在家裡吵吵鬧鬧時，也是「怎麼不做功課？只知道玩！」當他做完了功課也不能出去玩，糾正這個習慣的有效方法也許該是先讓他玩，不准他做功課，直到時間剩下不多了，才開始，如果他不是那種已不以功課爲意的孩子，一定會著急的。

一般說來，小學生的問題比較簡單——老師的話還有力量，功課也少，到了中學，課業多，老師的考查不像小學那麼嚴，如果不好好利用時間，就很可能由

於時間不夠，而影響到功課。

其實，中學生的課業雖多，自修的時間也應該夠的，問題是許多時代的因素以及錯誤的觀念，使萬千學子整天忙得連睡覺都不能盡情睡，作業都不能從容做，到頭來，卻得不到個使人滿意的成績。唉！

影響孩子自修時間的時代因素中，最大的莫過於越區上學、讀補習班、與看電視了，前兩者留待以後專題討論，看電視是日常生活中的活動，占的都是孩子自修的時間，就在這裡提出來談談。

我本人非常討厭電視，甚至恨電視，不過，既然小孩子喜歡，絕對禁止可能產生反效果，倒不如選擇節目與時間，讓他們過過癮。我的兩個小傢伙是每天六點鐘的卡通必看，連續劇絕對不看，其餘的節目隨機而定，其實，卡通影片也變了質，那種充滿想像力、美感、幽默與優美音樂的卡通很少見了。像現在這種充滿了打打殺殺、畫面模糊再配上國語配音的連環圖式的卡通眞是不看也罷！不過，時間還好：全家人陸續回家，廚房裡聲響大作，飢腸轆轆……是該消遣的時間。名片本來應該欣賞，只是密集的廣告往往有喧賓奪主之勢，如果他願意忍受，比起上街看電影還是省時又省力。

最要緊的，爲了孩子，大人們看電視也要控制。尤其是在空間狹小的公寓或是孩子就在飯桌上做功課時，如果你這邊把電視機打開，讓他一個小孩子如何控制自己呢？

有的小孩很有控制力，他說：「我只看這一個節目。」果然，在節目之前，他關在房間裡，節目之後，又退回房間。可是這節目往往占去了一晚上最適於用功的一個鐘頭，（十點～十二點）！

至於錯誤觀念，其實，是被誤解、錯用了的正確理論，計有：

一、小孩子需要睡眠。於是星期日、例假日就睡個日上三竿才起床，下午午睡又到五六點。忘記了睡眠只要夠就行了，太多了也是精神不振的原因。

二、學生應該多看課外讀物，連報紙也不看算什麼呢？於是放學回來就拿起報紙，假日裡，睡夠了起床後就拿起報紙，先從社會新聞看起，再來娛樂世界、體育消息……。

三、假日就是休閒用的，於是睡覺之餘，郊遊呀！烤肉呀！逛街看電影呀！聚在一起談天說地呀！要不就坐在電視機前一個節目接一個節目地看下去。

四、人不能一直工作，總該休息休息。於是放學回來等吃晚飯，清早起來等

吃早飯，飯後又不能馬上用腦，……。

五、孩子應該有足夠的關愛。於是，母親催起床沒有愛心。讓他睡是不關心；送他去補習是沒有愛心，任他去是不關心；訓誡幾句太嘮叨，不理他又是家庭氣氛令人難以忍受……。

——現代的父母實在太難當了，對嗎？不過，請別嘆口氣就算了，讓我們盡力而爲吧！幫助他好好運用這些正確的理論吧！讓我們使他了解：

一、過正常的生活才是精力充沛的途徑，每天早睡早起，而假日眾人皆睡我獨醒的清晨，用來充實自己將是一種享受。

二、報紙應該看，不過，不要占太多時間，會利用時間的青年，應該懂得花最少的時間就能抓住當天重要的內容，只有無所事事，以報紙爲消遣的人，才把報紙從頭看到尾。

三、假日也是充實自己的最好時間，而過多休閒活動也使人疲倦，所損失的就不只未被利用的假日了，而休閒的方式很多，閱讀、運動、散步、欣賞音樂……都是會給你別的收穫又不耗損精神的休閒活動。

四、一個人是不能整天讀書，有許多必須要做的事情要花時間去做，像吃

飯、洗澡、洗碗、洗衣、購物等。如果你的時間實在不夠用，就把這些活動安插在你讀書的時間空檔裡，譬如：早起讀一會兒英文再漱洗吃早飯，晚飯前做一會兒作業，飯後不能用腦就洗衣服……可以收休息之效的。當然，這樣的生活太緊張了一點，不過，我也是指你的時間實在不夠分配時，如果沒有這樣的緊迫，飯後散一會兒步，或是小睡一會兒，都會增強晚間的自修效果的。

五、像這種情形要不是孩子被寵壞了，就是已形成了代溝，做父母的應該注意的就不該只是他的生活起居與學業了。

讀書方法怎樣？

首先，他按照老師的規定做功課嗎？

許多學校裡有家長聯絡簿，主要的事項還是讓家長了解並督促孩子做當天的家庭作業。這雖然有點違反了培養孩子自動自律精神，待孩子學業上有了困難時，卻是幫助孩子的重要門徑。要他養成每天把功課做完之後拿給你簽名的習慣吧！看看他功課做了沒有？有沒有用心做？該溫習的溫習了沒？如果學校裡沒有

家長聯絡簿，就給他買本小記事簿，指導他每天紀錄吧！

再來，他做功課的方法對嗎？

有的孩子功課雖然都能按時交出去，可是，寫生字一字寫一劃地拼湊；寫毛筆不管握筆姿勢，不究運筆要訣，就那樣亂塗亂抹；像查字典，寫練習等作業就照參考書抄……還有的不論什麼功課從頭唸到尾，硬背下來，連數學也是用背的，英文卻偏偏只用看的。——很多孩子，起初並不是不用功，可是由於方法不對，效果就不好，結果連讀書的興趣也殺戕了，做功課成爲敷衍老師，哄騙家長，成績怎能好起來？

現在的老師似乎愈來愈不注重教學的方法了。「回去溫習。」這算是有創意的家庭作業了，更普遍的是：「下星期幾考第幾章。」「做第幾次測驗題。」既然時代趨勢這樣，做家長的就只好辛苦一點了。買一本《怎樣幫助孩子進大學》，看看能不能使他得到學習的眞正捷徑。至少使他以課本爲學習的根據，溫習過後才測驗。

再來，他做功課時專心嗎？

孩子上了中學，就應該有個清靜的角落了。不過，眞正的清靜還是寓於自己

的心裡，否則，家裡人的談話，街上孩子的吵嚷，鄰家的琴聲，公寓裡抽水馬達聲，……隨時隨地都可能有把他的心神扯去的干擾，那還讀什麼書呢？所以盡可能給你的孩子一個清靜的環境是對的，可是，別讓他養成一有干擾就火冒三丈的暴戾脾氣。他讀書固然重要，可是爲了他讀書，別人連正常生活都受限制，連大聲說一句話、用力關一關門都成了罪過，不但對別人不公平，對他本人也會由於脾氣暴躁，益發不能專心。

有的住所環境太複雜，人口又擁擠，街上的吵鬧、鄰人的電視機、附近的鐵工廠……要想摒棄這些聲浪回到內心的寧靜實在太難了。就讓他調整一下作息時間，先睡覺，到這些聲浪平息下去的深夜裡再起來做功課吧！雖然這樣的生活不太有規律，也是沒辦法中的辦法了。

有的孩子，讀書的環境是很理想了，可是仍然不能專心。有人說，環境太舒服了，也會不專心，並不無道理。——冬天電暖爐烤烤，夏季冷氣開開，椅子一下轉高，一下轉低，放點輕柔的音樂聽聽吧，倒杯可樂喝喝吧！吃一顆糖吧！剛剛坐下，還不到五分鐘，又要上一號了……等一會兒，媽媽又來問肚子餓了沒？姊姊從外面回來帶回一大包鴨腳鴨翅膀的……。眞的，讓他怎樣安得下心來呢？

當然，孩子讀書不專心的主要原因，還是由於讀書的動機不夠強烈。有的孩子放學後要幫忙看店，一家十口擠在一間房子裡，照樣把功課做得很好，成績也呱呱叫，原因無他，動機強烈——他了解讀書的重要。所以當你的孩子不能專心時，注意一下他的讀書動機吧！

讀書的動機怎樣？

「你能把馬牽到水邊，卻沒法迫使馬喝水。」孩子如果不想學習，硬逼也是枉然。引起他對水的興趣或需要，才是使他喝水的眞正辦法。

學習本來應該是有趣的行爲，可是，在現代塡鴨式的教學、勤考的制度下，學習的興趣多減弱到不能引導孩子往前去了。剩下的就靠「需要」來推動了。

為什麼要讀書？

鄉下的孩子多能提出一個有力的答案：跳出現在的困苦生活。而都市的孩子

只曉得是（爲了考取一所理想的學校）。可是，考取理想的學校又是爲了什麼呢？既然連大學的畢業生也有找不到工作的實例，既然社會上衡量一個人的成功是以他所賺的錢爲標準，又有太多（行行出狀元）的鼓勵，既然考取一所理想的學校是這麼困難……。太多太多的孩子看不清自己的目標了，有一個專門惹事生非製造問題的學生竟然說：「我要做流氓，是大流氓，不是小嘍囉。」孩子迷失到這地步，怎會專心向學呢？

因此幫你的孩子找出他的學習目標吧！有的孩子搬出那些沒有受過什麼正規教育卻有著輝煌成就的人作爲不用心向學的擋箭牌，從沒想到這些自己奮鬥成功的人所受的挫折，若沒有超人的毅力與努力，是沒法克服的。有些孩子由於看準了自己沒有考取理想的學校的希望就完全放棄，有些孩子由於看透了人生，覺得讀書讀得那樣苦兮兮，也犯不上……。忘記了讀書的主要目的還是爲了充實自己，使自己能過更高尚的生活，享受更豐富的生命。

讓他了解這一點吧！不只是爲了跳出貧困，更不只是爲了考取一所理想的學校，受教育是一個人生命的汁液，是使生命成長、茁壯的唯一途徑。學習就是攝取精神的食糧，能攝取多少就攝取多少，「一分耕耘一分收穫」當然正確，可

是，對那些成績很差的孩子，還該教以「只問耕耘不問收穫」，很像傻瓜嗎？可是，正常的情形下凡是有耕耘，就該有收穫呢！

當然，耕耘要有方法，方法正確收穫也豐。不過，如果沒有強烈的動機推動，耕耘就不會辛勤，那還談什麼呢？

有了大目標，還該讓孩子學習著每天爲自己定一個更具體的小目標。——譬如：平時至少要把當天的功課做完，如果功課不太累，再看半小時課外讀物；譬如每天唸英文多少時間……。

你自己的言行怎樣？

你自己喜歡求知嗎？你做事認眞嗎？你認爲讀書重要嗎？你認爲讀書有趣嗎？

當然，許多功課很好很知上進的孩子的父母連自己的名字也不會寫，有些父母常威脅孩子不准他繼續讀書了，有些父母本身不務正業不負責任……這些父母雖然沒有具體上述那些條件，卻以自己的行爲從反方面讓孩子認清了讀書的重要

性，增加其努力的動機。可是太多太多的孩子，由於父母本身不重視知識，做事不認眞……等等言行表現，使孩子不以學業爲意。

有些父母未受過正規教育或是在學校裡成績平平，卻在事業上有了相當的成就，這當是值得驕傲的，不過，以之在孩子面前吹噓就會使孩子誤認爲：「讀書不讀書有什麼要緊？」

有的父母把人生的價値以金錢來衡量，以享受爲目的，於是：大學畢業出來多少找不到工作的？

有些父母只知催孩子讀書，逼孩子讀書，自己卻從來不動動書本，有些父母天天教訓孩子要認眞、要誠實，自己卻到處請人代寫報告，專門講說社會上投機取巧的現象……。

使孩子學業上發生困難的原因實在很多，至少先除去這些因我們做父母的本身的言行所形成的障礙吧！

其實，廣義地說，父母影響孩子學業的言行何止這些！自他出生後，你的一言一行都影響到他的自我意象，而自我意象才是影響其學業的最重要因素呢！

自我意象怎樣？

他對自己有信心嗎？很多學校裡的社團活動規定學業達到什麼標準才能參加，而大部分學校出題目盡量難，用意都是爲了逼孩子用功，可是過低的成績，難以達到的標準都會使孩子失去信心，失去鬥志，結果導致放棄，其實，維持孩子強有力的自我意象的方法應該是讓他從進步中，從專長中重拾信心，而只要有信心，就有辦法。

因此當孩子學業有困難時，發現他別方面的長處，予以鼓勵，使之有所成就，就是幫助他。

他覺得別人都比他強，努力也是枉然嗎？在採用能力分班制的學校裡，有些父母想盡辦法把孩子硬送進程度高的班級裡，有的甚至惡補智力測驗，他們所持的理由可能是「寧爲牛後不爲雞首」。可是，老是跟在人家屁股後面的滋味如何？見到那些程度並不是很差，可是由於硬擠進好班而變得畏畏縮縮失去信心的孩子，眞覺心痛呢！

還有些父母想盡辦法把不足歲的孩子提前送進學校，結果也使孩子成爲吃力

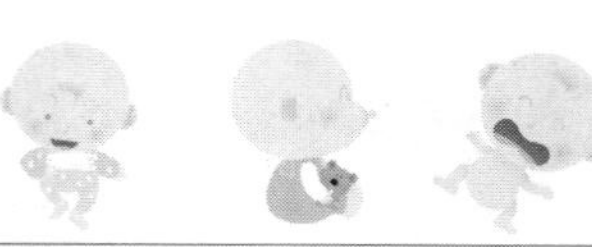

地往前邁步，稍一不愼就可能跌倒，眞是何苦！

他會自我檢討，力求改進嗎？還是找理由自我辯解？當他學業上有了困難時，當他考試成績不理想時，他怨老師講得不清楚，怨題目出得太難，怨自修時間太少，然後就心安理得，好像把責任推出就沒關係了嗎？檢討一下看，自己有沒有加給他太大壓力，使他沒勇氣面對現實，更不敢把眞實讓你看見，這種虛幻的信心會使他看不清自己，更具摧毀性。

他認爲老師對他有成見嗎？很可能。老師的成見也可能影響分數，不過不會造成太大的差距，如果把成績不好完全歸之老師的成見，也是一種不能面對現實的逃避，都該予以注意。

家庭教師與補習班

當孩子在學業上遇到了困難，在別的方面已經盡力仍不見進步時，很可能就是對教材不了解，勢所必至，你得爲他設法了。一般家長採用的方法有二：請家庭教師與進補習班。

自從實施延長義務教育以來，專爲小學生而設的補習班是沒有了，不過，在老師家裡設的家教小組並未絕跡。論起來，利用課外的時間，幫助程度差的孩子補補功課，即使收取費用，原也無可厚非。只是，如果針對考試方式，買來現成的測驗卷硬作練習就等於斂財了。尤其是對初入學的孩子，他之所以成績差必定是由於程度不夠、不了解、或沒有溫習，如果，不針對需要爲他打基礎，效果恐怕就很小了。所以如果你的孩子的功課需要幫忙，你的經濟又不算太拮据，那還是請個家庭教師，而且要求家庭教師著重在培養他的基本學習能力，幫助他自己站起來走自己的路。

國中以上，補習教育實在太猖獗了，課本的統一給予補習班太多方便，而升學競爭的激烈爲補習班製造了太多的機會。如今，補習班已不再是爲程度差的孩子設的了。相反地，進補習班的大都是好學生了。因爲他們所教的所考的早已超出了課本教材，程度差的孩子怎能了解，消化呢？

我是最反對孩子進補習班了，因爲程度差的孩子沒法從中受益，而程度好的孩子，因爲把已經在學校裡聽過，或是會在學校裡聽到的教材再聽一次，強記一些以後會教到，現在不可能考的補充教材，以及反反覆覆做測驗卷，都是花費時

間、精力的事，不但剝奪了他的休閒時間（如果不會影響成績），而且很可能磨鈍其智能。集體教育原就是一種忽視天才的教育方式，再加以這種訓練動物式的反覆練習，天才都將成庸才了，多麼可怕的現象！

有位同事在家開設家教班，專門招收成績不好的孩子；而教學方法是督促他們溫習功課，爲他們解答疑難，測驗最基本的教材。另有位朋友辦了一所一人主講的數學補習班，招收學生不限程度，可是進度因學生而異。怎樣進行？學生自己研究演算他所編的教材，他只負責解答疑難。像這種補習教育，才是對孩子眞正有助益的補習教育，也應該是最有效的補習教育。

當然，能爲他請家庭教師更能配合他個人的需要，效果會更好，只是在人選方面要注意，並不是每一個名大學的學生都會教別人讀書。

暑期活動

大多數中小學都舉辦暑期活動，過去稱之爲暑期補習，現在定名爲暑期輔導，內容：在小學裡，倒眞能名副其實，多爲指導藝能方面的活動，在中學裡，卻仍然以課業爲主，而且是爲了公平，科科都有。許多家長都很擁護，有的是因爲：玩一個假期心都野了，功課都忘光了。有的是因爲：整整兩個月，在家胡鬧、出去闖蕩，怎麼得了！

實際情形如何呢？

就後一種效用來說，倒有點作用，至少有半天關進了學校，不會在家吵，不必擔心到外面去胡鬧。可是，在學校裡的學習情形怎樣？注意聽講嗎？老師嚴格要求嗎？一般說來，在過了四、五個月的學習生活之後，老師、學生都會感到身心的疲憊，都會覺得厭倦；如今，大熱天裡，仍然要一大早起來趕車上學，在心理上先有了不情不願，再加上天氣的影響，怎能振作起來學習、教課？下午在家裡，「已經上了一上午課了」事實會使家長說不出要他溫習或學習的話，而他自己不管睡覺也好，玩樂也好，更覺理直氣壯。於是，上午在學校以談話、打瞌睡混過去，下午再理直氣壯地玩過去、睡過去。如果孩子的功課還可以，還沒多大關係，因爲假期的主要意義原就是放鬆、休閒。如果孩子的功課有困難，需要利用假期來補一補、趕一趕，或是孩子有特別愛好，需要利用假期來發揮、來深究，就成爲一種浪費、一種損失了。

因此當你的孩子課業有困難時，別指望在暑期輔導的活動中得以解決，即使老師很熱心，很認眞，也沒用，因爲在班級教學中，老師必須以大多數學生爲教學目標。如果你的孩子課業不好的原因是由於不肯用心，更沒用，因爲上輔導課比正課還嚴格的老師也不多。

即使孩子知道用心，回家後也會分配出時間來溫習，這種各科並重的輔導效果仍然不彰。因爲在短短的兩個月內希望七、八科功課都有進步，實在不容易，因此選擇某一科或兩科爲加強的重心，比較容易見效果。

聰明的孩子需要正常的教學

有些孩子在學業上遇到困難的原因是在學校，像能力分班制度、勤考制度、老師的教學法、教材的選擇等。雖然說這干係著整個教育制度，家長的意見卻常常是一個學校教學活動的左右力量，所以當你發覺學校裡有什麼辦法對孩子有不利影響時，請別保持沉默，說出來，被不被採納是一回事，至少是一個意見。

在這裡我僅就以上幾點提出意見。

首先，能力分班制度，在國中，大部分都是採用能力分班制，家長們，尤其是孩子成績還不錯的家長，更是擁護，因爲程度好的孩子吸收力強、向學、用功，老師必然教給更多的教材。也許，這正是能力分班制的原意。不過，資優班並不是天才班，即使天才，對教材也需要老師的指導，只不過所用的方法不同而已，可是，有些老師面對著所謂好班的學生時，卻唯恐講得太淺太易，專門找一些很深的補充教材來塡塞，對教科書上的基本教材只是匆匆帶過，甚至乾脆捨棄，結果形成把房子建築在沙灘上的教學法。

有位同事追憶他從前讀初中時，英語老師花了二十分鐘把二十六個字母的四種寫法統統教完，因爲「你們都是優等生。」

有從中等班升到優等班的學生向我訴苦：「這些，老師都不講的。」

一般說來，智力夠相當標準，適度的教材只要予以適當的指點，應該沒有困難地吸收；應付考試應該沒有問題，而且還應該有很多閒暇來從事自己所喜歡做的事，如：閱讀課外書籍，鑽研感興趣的學科、向自然探索、思考問題……等。可是，在這種教學法下的優等生必須花費很多很多時間來強記那些艱深的補充教材，再從無數次的考試練習中來訓練考試技巧，結果，學得仍然很吃力，而各種

考試把他們緊緊捆在那幾本教科書上，死背強記，夜夜苦讀至一點兩點，仍然得不到一個滿意的分數！

影響怎樣？

限制了發展，磨鈍了才智，甚至殺戕了興趣。

我常常說，有些孩子是不需要別人教的，只要給他領一領路，他就會自己走下去，走到哪裡去？眞是不能預見，對這種學生，考試的訓練非但不必須，而且必須不。

這種學生，我們對他們的寄望不能止於考取一所理想的學校，他們應該成就一點什麼，應該創造一點什麼，應該將他們的聰明才智從自己的努力中發揮出來，在人類的文明樹上增添幾許花朵，而我們國家、民族的命運也就寄託在他們的努力中，讓他們接受考試訓練不等於摧殘嗎？

劣等生需要影響力

在能力分班制的普通班裡的學生有兩種：肯學而智力差；智力還可以可是不肯幹。當然，也有天資既差又不肯幹，甚至故意搗蛋的。教這樣的班級的老師需要具備超人的愛心、耐心與能力，還要有犧牲奉獻的精神，否則，整個教學活動就完全白費了。而看到那些原本還想學的孩子也跟在別人後面胡混日子眞會心痛呢！可是，面對著一個十之八九都爲脫韁馬的班級，力不從心的老師又有什麼辦法？

大家都知道國中學生程度低，低到什麼程度呢？成績單上都是紅字嗎？也有幾十分，對不對？實際情形如何？前述的那種班級，有些科目，除去少數幾個還能把持自己的孩子之外，那幾十分也是靠選擇題碰運氣，老師挖空心思在平時成績上贈送得來的！

我常常說：「不怕你程度差，即使一點也不會，只要你肯學……」

怎樣使他們肯學呢？是老師的責任不錯，不過，如我前面所說，具備超人的愛心、耐心與能力的老師既然不多，也許該探求另一種比較省力的辦法了，什麼辦法？……讓他們接觸到那些好學、向上、認眞、負責……的同年齡的孩子吧！當他們被分散開安插在一個守規矩、有禮貌、注意聽講、專心學習、有榮譽感、有責任心的班級裡時，將會受影響的，至少會收斂一點，雖然可能偶爾發生小小的騷擾，總不至形成一種不可收拾、沒法控制的局面，而教育才有機會發生作用，才不致繳了白卷。

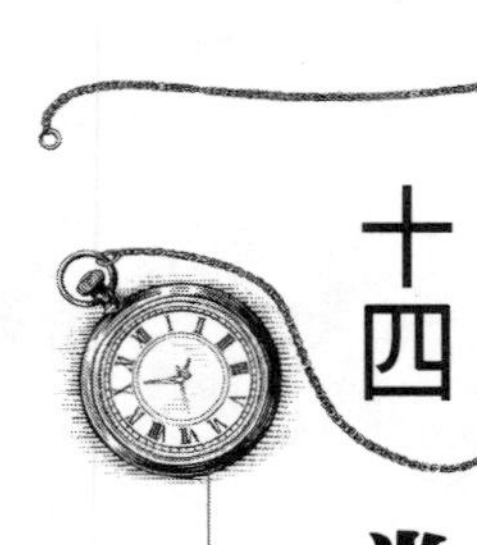

十四 當孩子完全放棄時

孩子把學業置之度外，完全不當作一回事，不但成績不好，連必須繳的作業也不肯用心做，甚至不肯做。你曾經就影響一個孩子的各種因素仔細分析過並採取了補救的辦法，可是仍然不見效。那很可能是由於天資或興趣的問題了。

天生人本來就不平等，而社會上需要各種人才，如果大家都是工程師，沒有工人工廠怎能開工？如果大家都在辦公室裡畫圖，房子由誰來蓋呢？田裡的工作誰做呢？而只要認眞工作，不但生活不成問題，而且可以過得快樂滿足，享受到生命的眞正意義，發揮出生命的光輝！更何況，不愛讀書的孩子在別方面可能會

有傑出的成就呢！

有些話，做老師的好像不太好講，就像勸已經放棄學業的學生放棄學業，明明見他整天在學校裡糊塗混日，把應該爲生命青春的大好時光胡鬧過去，是一種任何人經受不起的浪費，可是老師的任務是教學生學習，如果他不肯學習應該設法使他學習，應該教他「一分耕耘一分收穫」的道理；應該教他「不畏難不怕苦」的精神，要他丟下犁具離開田地？不是不太好嗎？可是，有的土地是不適於耕耘的，再多的心血，再多的努力，還是沒有收穫的；可是，可以改作牧場，或拿來蓋房子，或……。

你的孩子究竟適於做什麼呢？當他已經上中學了，應該明顯地表現出了，他的手很靈活很巧嗎？他對機械很有興趣嗎？他很喜歡弄吃的嗎？……讓他趁早進入與他的性向比較接近的行業裡去吧！？

也許你要說，這是個以學歷來斷定前途的社會，可是，只有學歷沒有眞才實學有什麼用呢？何況，在偏重技能的行業裡，學歷不如想像中的重要，更何況，這也可以之爲刺激他向學向上心的一種方法呢！待他「失學」之後就可能感出「求學」的重要，然後從內心升起學習的意欲，而復學並不是難事！

使母親傷心的優等生

姊姊的老大，國二時還是班上的優等生，到了國三，不幹了，不是變壞了，愛玩了，可是不讀書了。很可能是心理上的倦怠，也可能是參考書、測驗卷、補習班，以及學校裡的勤考制度所形成的精神疲憊，也可能是潛意識中對父母的報復，究竟是什麼原因，還待研究。我在這裡要說的這個智力、成績都屬優秀的孩子，在聯考前一年，這許多國中生都在拼命竟至夜裡不上床的情況的緊要關頭，他拿起書來就打瞌睡，坐在電視機前就捨不得起來，當爸爸媽媽不在旁邊時，就看漫畫書，……。姊姊都快急瘋了，抓住每一個對他有影響力的人求助。請家教，送補習班，讓他到附近民眾服務社的閱覽室自修，到我家來住，……任何好像有效的辦法都試過了，可是沒有用，即使是考試前一週了，仍然是早上睡到七八點才起床，午飯後一躺下來就睡到三四點。……

像這樣子，聯考成績當然不會理想，不過，憑他一二年級的底子，竟也考取一所程度還不壞的私立學校。進了高中，情形仍不見好轉，一年下來，結果不得升級，然後怎樣？現在已經是二年級了，成績一直保持前五名，數學常常得最高分！

——我舉這個實例原想強調前面所說的：當孩子在學業上完全放棄時，就不讓他學習，就讓他去承受自然的懲罰，結果反而更有效，它似乎又提醒了我們：不能輕易放棄，即使是他自己好像放棄了，我們還是得盡力，因爲孩子畢竟是孩子，即使是讀國中了，仍然無力應對那些外來的衝擊，而青春期的反抗性使他甚至難以把持自己，如果任他去，很可能會被激流沖走。

也許你要問：如何盡力呢？就上面的實例來說，你姊姊的一切努力似乎都沒有收效。的確。不過，我們可以從這個例子來探索一下「何以一個優秀的孩子會演變到那種情形？」

首先，我姊姊在管教孩子方面偏嚴。由於本身在小學任教，一開始就採取了非常週到的督促、輔導、測驗等方式，對成績要求得很高，吝於稱讚，卻總愛跟這個那個的比，又很可能是基於我國謙虛含蓄的傳統吧？跟別人談話時，又總是誇張地挑缺點，好的表現卻絕口不提；不但不向外人宣揚，私下裡的獎勵也常常不適時、不熱切。譬如說，孩子渴望一輛腳踏車，好不容易拿個第一名回來，得到的卻是：「如果下次再得第一名，就給你買腳踏車。」

你一定已經知道，這些都是影響孩子學習態度的因素，不過，演變到後來那種根本不肯盡力，對母親的焦急毫不以爲意，父母一點也幫不上忙的情況還有一個主要的因素：我姊夫跟姊姊在管教孩子上採取了完全相反的態度，而且常常因之鬧意見起糾紛。

「她已經夠嚴了，如果我再管，孩子怎麼受得了？」

每當姊姊抱怨他那種不問不聞的態度時，姊夫總是這樣解說。好像很有道理。可是，像「孩子怎麼受得了」之類的話在孩子心裡所產生的意義卻可能演變成：「媽媽根本不關心我。」而媽媽督促讀書的言行很可能成了「迫害」、「虐待」；如果有了這種感受，孩子還能認眞向學嗎？

另外，姊姊視作救星的那些人很可能只產生了否定的影響，因爲孩子既然不笨，必然知道王老師，或李阿姨、或張老師的兒子突如其來地對他說的那番求學之道必然是受了媽媽的請託，必然從媽媽那裡知道了他的「敗績」，……——大家都知道我不行了，面子被撕破了，似乎更無所謂了。同時，既然是媽媽的請託，也就等於媽媽的教訓，其效果也就跟媽媽在教訓一樣了。

還有，姊姊既然表現得過於嚴格，過分重視，聽者對她的傾訴很自然地會勸

解幾句，而像我這樣稍微懂得一點新教育原則的人，少不了會派她的「不是」，批評她這不應該，那不合理的，當然也會提供一些並不切實際合實情的建議。譬如說：「怎麼可以那麼晚睡？睡眠不夠當然沒有精神」「一直盯著，不是會產生被逼的感覺嗎？」「家裡氣氛那麼不和諧也會影響他的情緒吧？」「噯呀！也夠可憐的了！」……大人們這樣談論著時，孩子雖然不在場；可是很可能就在隔壁房間，而這類談話所傳給孩子的信息是什麼呢？——媽媽的管教方法是錯誤的，他之如此是由於媽媽的不當管教。於是，媽媽不只是「迫害者」，而且是「罪人」了；反應也就不只是不接受教導了。怨恨、敵意、歧視都可能產生，懷著這種感受，媽媽的任何言行都會有一種否定的解釋，連要他吃東西、睡覺都會存心反抗了，還談什麼教養呢？

寫到這裡，我不由得冒出了一身冷汗。——幸虧這孩子還夠堅強，能接受失敗的刺激，一躍而起，沒有就此一蹶不振，否則，我將是那群害他的罪人中的主犯呢！

唉！那顆看似頑強，事實上卻多麼脆弱的小心靈啊！我們該怎樣小心才不致導致傷害呢？

涵兒的數學

其實，導致姊姊的老大的學業問題的因素可能不只上面所提出的這些，學校裡老師的教學態度與方法必然也有關係。——現在國中的教學呀！在升學競爭的壓力下，在能力分班的制度下，普通班的老師但求不發生問題，對學業任其自生自滅，資優班的老師一味地考試、練習、處罰。考試是爲了逼學生讀書，可是過多的考試又把學生讀書、思考的時間、精力耗盡，學生成績不好不探求原因以求改進，卻只知處罰，好像成績不好就只有「不用功」一種原因！

我家的涵兒也進了國中了，這個從來都是輕輕鬆鬆拿前幾名的孩子進了國中，數學一直拖在後面。我在前面曾一再強調「讓他自己走才是久遠之計」，對自己的孩子當然奉之爲大原則，當然也不會犯姊姊所犯的過嚴、過於重視分數、代爲複習等錯誤，當然，也不是全然不管。我提醒他，給他建議，爲他打氣，而且不再堅持「不用參考書」的原則，因爲學校裡考試出題有太多課本上所討論的基本方法的延伸變化，如果不練習根本沒辦法作答，爲了挽救信心，好像別無他途。

可是，到第三學月，數學成績已拖在級位（全年級的名次）第七十幾名，到

第十八週的競試，竟退至班位（全班的名次）第二十名；而當我提醒他「做數學」時，竟然唉聲嘆氣起來，總是推三拉四，把數學留在最後才做。——你曉得一個所謂好班的國中生每天要做多少功課嗎？即使是一年級，除去要寫的作業之外，總有三科至四科要測驗，早自修測驗，放學後留校測驗，自習課當然測驗！回到家已快七點，可憐已經筋疲力盡，匆匆吃過晚飯就開始寫呀背的，待輪到數學早已頭腦麻木精神停滯了。

他並不是「不幹」了，雖然學習興趣遠沒有開始的旺盛了。他仍然認眞地寫作業、背國文、背健教、生物，以及地理歷史，成績也相當高，可是，就是不搞數學了。——是厭惡、是懼怕、是放棄。

「反正弄了也沒有用！」這是他的理由。

我不由得著急起來，而他卻連課本上的習題也不拿回來做了，本來參考書是爲了那些課外補充教材，可是我發現他在做基本範例時竟然有問題，而問題都是一些基本的觀念與方法。——也難怪，初學國中數學，任何一個新單元都應該徹底了解並熟練運用，如果連習題也不做，怎會熟練？而學校裡的考試卻大多是這些方法、定理的延伸，運用的是同一定理，卻複雜抽象得多，抽象複雜到《建中養我三十年》的作者「于我」（建中的數學老師）也要想一想才能作答！

到現在我仍沒弄清楚他爲什麼可以不做數學習題，不過，待學期終了，他說了句：「我的數學筆記得甲上。」——數學習題不是演算而是寫筆記！也許這是使他成績差的主要原因。當時我沒有設法了解，只是以家長聯絡簿向導師建議：爲學生們規定一點數學作業，而次日的測驗就以此爲範圍。（那分萬難的測驗卷丟掉算了。）唉！儘管現代國中教育有著太多問題，太多國中教員令人不敢恭維，可是也有不少像涵兒的導師這樣的好班導師，一天到晚爲學生的所有科目耗出她的時間與精神，（在方法上也許有失偏差，精神卻令人感動。）她採納了我的建議，孩子開始認眞演算，而漸漸地，平時測驗的成績提高了，待期終考，竟然「題目很容易了」。

現在是在寒假中，他已擬定計劃從頭開始複習上學期所學的，從上學期最後兩週的成果看來，我相信他已克服了在學習之途上首次遇到的挫折，而且向前邁出了堅定的步子。

想到他班上其餘的也在數學上遇到困難的孩子，想到千千萬萬被數學困住的孩子，我不由得要向數學教師們大聲疾呼：別摧殘孩子。教導他們、啓發他們，

讓他們有機會學習、有時間思考，讓他們能嘗到學習的甘果，獲致思考的樂趣。資優的學生也得由淺而深，當遇到困難時，單單處罰是沒有用的，而解決困難的方法不是死記答案。

其實，並不只數學一科，英文何嘗不是這樣？原本可以輕輕鬆鬆地學習的教材，硬要東變化西補充，弄得成爲生硬艱澀的塡字遊戲，三年下來，連個普通的句子也寫不正確，更不用說上口了。歷史地理是死記的科目嗎？可是，如果不懂整理歸納，一味死記，看看成績是否會好！

現在的教師，著重傳授讀書方法者實在太少了，普遍使用的是硬逼、死訓練、再加嚴處罰，學生成績不理想，就嘆口氣攤攤雙手，說聲：「你能把馬牽到水邊，喝不喝水是牠的事，我已盡力。」

唉！我們做父母的再不伸出援手，孩子豈不可憐？

怎樣才是有力的援手？

怎樣才是有力的援手呢？太難說了，因爲心理原就是極爲微妙複雜的事物，

心理學家們研究、調查、統計、實驗，所提出的結論有時仍然不切實際，才疏學淺如我，實在不敢涉及這問題，現在僅從生活中撿拾幾個有關的實例作參考：

有學生寫文章，提到她在高三時曾經「就是沒法安下心來讀點書」，可是有一天晚上，她只不過說了句「好久沒吃餃子了」，第二天早上餐桌上就擺出了一盤熱氣騰騰的餃子。她爲母親這種愛心感動了，感動得「不再胡思亂想」，而「安下心來好好地讀了幾個月的書」。

這好像又回到了老問題：關懷不夠是導致青少年問題的主要原因。而許多像我姊姊一樣的母親很可能會委屈地說：「難道我付出去的關懷還不夠？」

是的，「打是親罵是愛」。可是，只有打，總是罵，即使用意是爲了他的將來，恐怕也難傳給他愛的信息，因學業而焦急的母親所處的境地也許正是如此，要想改善，「多關心生活，少嘮叨功課」也許有用。

有母親爲了孩子容忍下丈夫的不忠。她不「死」，不「去」，可是常常吵，吵得天翻地覆，吵得正在準備考大學的兒子走投無路，結果怎樣？當然可想而知。

——和諧快樂的家庭氣氛是每個人所需要的，它給我們心境的寧靜，給予我們安全感，使我們可以全力來從事正在做的，而且充滿信心與幹勁。維持一個家庭的

和樂是家庭中每一分子的責任，如果大家都肯爲此而努力，不惜犧牲自我一點利益、意見，不計較輸贏，彼此尊重，互相容忍，事情自然好辦，萬一有不肯吃虧的，不以別人爲意的，甚至亂來霸道的，很可能就有問題產生。即使是一方能忍得下來，這種強忍下來的氣必會導致內心的不平靜，會形成生活中的冷戰狀態，對孩子必然會產生不良的影響，專家們主張還不如分開來對孩子有助。

許多只有父親或母親的孩子反而多能體念父親或母親的辛勞與痛苦，懂事而知上進，不但不惹麻煩，而是成爲好助手，不過，如果父母仳離，卻定期探望孩子，雙方爲了拉攏孩子而有求必應，變成孩子滿足物慾的要脅對象，就會傷害到孩子的成長了。如要再以話語離間孩子與對方的感情，其影響就更不堪設想了。像我們常見的這種離開就絕對離開，不再來往，不再通信息，倒可以省卻這種影響。

後母爲什麼難爲？心理上的因素形成偏見，而偏見會使原本沒有什麼的責備或處罰變爲虐待，甚至會把關懷曲解，而這種心理因素往往會因鄰居親友的同情、憐憫（更不用說批評了）加深加劇，使後母與前妻的子女難以融洽相處，在教養上當然就更加困難、更易出問題了。——我們無意中的一句話會深深影響到

一個沒有母親的孩子的幸福與成長！想想看，千萬得小心啊！

有的老師帶班上的學生去參觀鐵工廠、電子工廠等一般失學青年可能去的工作場所，其用意是給他一個比較的機會，看看是好好求學好呢？還是在機器油污中從事勞力工作好？我們曾經說「他不願讀了就不讓他讀，待他嘗到失學的痛苦時，再回頭也不遲。」不過，這樣代價畢竟太大，如果能讓他「看一看別人」就省悟過來豈不也好？

有位鄰居，孩子大專聯考放榜落選後，馬上爲他安排了到工廠工作的機會，其用意也許就在此，而且還能預防因失敗而產生的頹喪感導致別的問題。大部分落選生都是馬上報名讀重考生的補習班，在頹喪失望的心情下重又背起已經讀厭了讀煩了的書籍，面對看著就頭痛的測驗卷，比起來，這位鄰居的安排是明智多了，因爲，待他從截然不同的勞力工作中獲致心智的甦醒，又獲致心理上的幹勁之後，再準備重考，效果必然更好。

一般父母對孩子學業的過分關切與緊張，主要的還是由於各級聯考的競爭太激烈，而這種過分的關切與緊張卻往往會造成孩子心理上的壓力，導致抗拒情勢，減削其自動學習的意向，結果是學業上的問題。針對這一點，我想爲天下爲

焦急所苦的父母提出一句話：「大不了考不取。」

當然，話要在自己心裡說，不能讓孩子知道，他能順利地走下去當然是我們所希望的。可是，萬一考不取又有什麼關係呢？只要他沒有放棄，再溫習一年，從從容容地把過去由於學習的腳步太匆忙（國中的教材都偏多，再加補充的內容，教學都是要趕進度。）而學習得不夠踏實，不夠徹底的功課重溫一次，不僅會使他考學校沒問題，而且爲他奠定了將來學習的穩固基礎。尤其是高中畢業後，有許多歐美學生不是自願遊蕩一年以摸清自己到底要走哪條路嗎？——當你心裡這樣想著時，心情必然不再焦慮，也就更能平心靜氣來幫助他了。

當我那讀國中的男孩數學有了問題時，我嘗到了焦急的滋味，因爲這是必須有穩固的基礎才能學下去的科目，而且會影響到二年級的理化等科目的學習；如果這三科都有問題，還談什麼聯考？我開始忘記了「讓他自己走」的原則，我提醒、督促，而對他的懶洋洋發火，對他的不見進步的成績表示失望，……情勢實在很緊張。是在數學競試的前夕，他根本沒有複習，而時間又很晚了，精神也支持不下了；這句話突然像靈光一樣進入我焦灼的心：「大不了考不及格。」我的心情平靜了。「去睡吧！」我憐愛地對他說。

另外一種減削孩子自動學習意向的因素該是父母所表現的不放心了。「你在做什麼？」「又在玩了」「又看電視了！」你的眼睛成爲驅策的鞭子，而爲了確定他的確做了什麼，常常規定一些有形的作業。我也曾這樣對待我那原不必我操心功課的兒子——我建議他溫習數學時演算在一個本子上，而且註明日期，因爲可給予成就感，（也是眞的，可是，恐怕也有「不放心」的作用吧？）而當他演算時要他把參考書上的解答蓋起來。（也是正確的，不過，恐怕也會傳給他「不放心」的信息吧？）他倒沒抗拒，可是，有一天，當他爲一個難題的答案與參考書上的解答完全吻合歡呼時，我說了：「是不是偷看了解答？」就在此時，剛好在旁邊的女兒說了一句使我警覺的話：「哥哥才不會這麼差勁呢！」

唉！人是多麼容易放棄原則失去信心呀！如果父母對孩子處處不放心，讓孩子怎樣建立自信呢？一個沒有信心的孩子如何獲致成就呢？

當然，盲目的信心無益，可是至少讓我們給他一個表現的機會，相信他的意向，相信他的努力，相信他能吧！

十五 防止孩子走歪路

「我們功課雖然不好，可是至少沒有走歪路。」有朋友的孩子這樣回答她的「嘮叨」。言外之意當然是：「你還不知足？」

的確，不管是由於天資的關係也好，不肯用心也好，比起走了歪路來，功課不好實在算不了什麼。不過，「功課不好」往往是走歪路的先決條件，因爲專心學業的孩子絕不會走歪路。一個功課本來還好的孩子突然退步了，本來認眞向學的孩子突然不以功課爲意了，原因固然很多，而「走了歪路」也是極可能的一個原因，做父母的不能不注意。

對於由於天資不足而功課原就不好的孩子不作過高的要求是對的，不過，不能就放開手不管了，隨他自生自滅。看看他是否在盡最大努力：記憶力差，可是用心寫字，作業按規定做，按時繳，上課注意聽講，學校裡的規定都認眞遵行。然後，再抓住任何値得稱讚的成就予以稱讚，發現其可能有成就的性向予以鼓勵。如果學習生活中有努力、有成就，就比較不易被拉到歪路上去了。

許多父母，孩子功課不好就什麼活動都成爲不正當的、不應該的了。——不准看電視，不准郊遊、爬山，不准下棋打球，……甚至不准看課外書。可是，你把他關在房間裡，埋在書堆裡，如果他不想讀書又有什麼用？如果你不給他培養一種正當的嗜好，當他長大到你沒法控制他的行爲時，他不是會迷失嗎？因此請不要阻止他到街角打打棒球，到附近學校裡去投投籃，在巷子裡打打羽毛球什麼的吧！自小就帶領他走向大自然、喜歡大自然吧！在家裡會以下棋、集郵、照相當活動消磨時間，而即使是一個人也不會感到時間難熬，因爲有音樂、文學陪伴他……。

把他的興趣導入正途是防止他走歪路的可靠方法，雖然過於著迷會影響功課，可是，也很可能因在這些事物上的成就而建立起他的自信心，引起他的鬥

志，或繼續向前走，或轉到學業上，不管怎樣，都是可喜的，都會阻止他到彈子房、舞廳，甚至賭場等通往罪惡深淵的場所去。

至於文學作品，在前面我曾不止三次提出，說它們是玩具，是啓發智力、幫助學業的助手，也是管教的工具，消磨時間的方法；現在我要說的是：當孩子意志消沉完全放棄時，文學作品的確有激勵作用。那些沒有自小接觸課外讀物的青少年也許有著抗拒心理，也許沒有選擇的能力，幫助他們吧！當然，如果學校裡注意到這一點，老師們重視這一點，會省卻家長們好多麻煩，幫那些自己也不知該讀些什麼書的家長一個大忙。不過，注意一下報章雜誌，很多出版社都在報紙上刊登廣告，對所出版的書籍作簡略介紹，誇張可能有，不過性質差不到哪裡去，是重要參考。也有書店在排列上作分類，甚至把適於青少年讀的書籍作最顯眼易注意的排列，眞是寓社會工作於生意，令人起敬。

在這裡，僅就我所知列出幾本頗有這種激勵作用的作品來資參考：

閃亮的生命（蔡文甫編著　九歌出版社出版）介紹十位台灣現代有成就的殘障青年。——與命運抗衡，克服缺陷終而有所成就，海倫·凱勒是世界性的榜樣，鄭豐喜是中國的楷模，可是與這十位青年比起來，他們所成就的也並沒有什

麼特別了不起呢！對那些自甘墮落不肯上進的孩子應該有點衝擊力的。

杏林小記（杏林子著　九歌出版社出版）杏林子就是前面《閃亮的生命》中介紹的十位青年之一。她患了一種類風濕關節炎，從十二歲就臥病在床，爲了打發時間接觸到文學，從閱讀至寫作，而其作品中有她的病痛，卻沒有愁苦、哀怨，充滿了樂觀、朝氣，也充滿了信心與希望，而對周遭的事物是懷著怎樣一顆善感而充滿愛心的心來觀察體驗啊！

生命的智慧（楚茹譯　九歌出版社出版）寫的都是取材自現實生活中的「現代寓言」故事，從故事中攝取處世智慧，該出版社將之歸類爲「勵志散文」，眞恰當。

益思錄（吳陵譯　時報出版社出版），這是一本充滿了智慧語錄的作品，作者梅爾茲博士以其從事整形外科醫生數十年之經驗，透過表相，深入內裡，從事心靈的探索，不但能陶冶身心激勵奮發向上的精神，且可啓迪思想，更適於高中程度的青年閱讀。

我的座右銘（中央日報社出版）每篇都是作者自身的經驗，從經驗中闡述出一句銘言的精義與對我們的幫助，文字也多精鍊有力。

……

——寫到這裡，突然想到：（我不是曾經介紹過嗎？）別再重覆了。不過，還有一點必須補充的是：有些作品看似與勵志無關，實際上卻眞有激勵作用，也能達到民族精神教育的目的。像《滾滾的遼河》《藍與黑》等寫抗戰時期青年男女的故事的作品。這次放寒假，我買來給讀國中一年級的涵兒看，原意是以這種故事性濃厚的作品引起他對文學作品的興趣，想不到他在一口氣看完之後，在日記上寫出：「那些青年們犧牲生命，捨棄愛情、丟下親人，英勇地去從事危險的地下工作，他們愛國的熱誠與奉獻是我們這一代青年所望塵莫及的……。」

另外，隨時注意報章雜誌，將不難發現有此作用的作品，圈出來，或剪下來，——對，剪下來最好，你爲他編一本「勵志小品」吧！

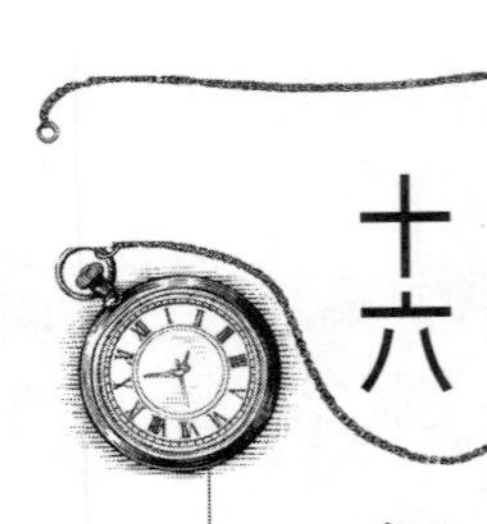

十六 留心太用功的孩子

「三個孩子就數老大最聰明，也最懂事；自小書就唸得好，可是，到高二，不幹了，就是不肯讀了。」鄰居太太在訴說，語氣中透露著惋惜。「不過，比起朋友的小孩來，還算幸運了。」

「鄰居的小孩怎樣了？」

「精神失常了！就那樣失魂落魄的，唸道：就讓我到建中旁聽也好。」

——唉！在升學的壓力下，這並不是罕見的例子。杏林子在她的「杏林小記」中不是也敘述過一位被發瘋的兒子砍傷的母親嗎？遇到這情況，我們所責怪的除

了激烈的聯考競爭之外，多會想到父母望子女成龍鳳的心太切，加給孩子的壓力過重，以致……。而你，也許會辯白說：「爲什麼我嘮叨的結果是使孩子更不用功了？」

那麼，你似乎應該跟我那位鄰居太太一樣地懷著惋惜慶幸了。眞的，比起那兒子失神落魄地在周圍轉，或是被兒子砍傷躺在醫院裡的母親來，你實在太幸運了，而且也大可安心了。因爲，雖然你可能曾經因這種那種的疏忽或錯誤而導致孩子學業上的困難，可是，至少你沒有使他將整個精神壓擠在「升學」這一條狹窄的管道中，使他的生命不再有別的活動。——唸書！唸書！爲了什麼？考取那大家都認爲的理想學校！

當然，並不是用功的孩子都令人擔心，即使是用功到不肯上床睡覺也不足慮。主要的是他的態度——他把成敗看得很重嗎？他那樣用功成績仍然不理想嗎？老師同學都認爲他一定有把握嗎？父母常常用語言刺激他嗎？讓他覺得考不取就完了嗎？就沒臉見人了嗎？他的生活連一點調劑也沒有嗎？

其實，即使沒有嚴重到精神失常，如果孩子用功到：面黃肌瘦，彎腰駝背，除了背書，對什麼都沒有興趣，運動、娛樂都不會，而讀書的範圍又只限於那幾

本教科書；即使能達到其考取理想學校的目的，恐怕也不會走到豐富而有意義、有樂趣、有成就的人生吧！

讀到這裡，你也許要嘆一口氣說：「現在的父母是如何難爲啊！」的確不錯。不過，想想那些不但得不到父母的關懷與照顧，反而要負擔家務事、要照顧弟妹、要賺錢養家卻有所成就的孩子，我們也不必太緊張、太自責、太內疚了。盡心盡力足矣！每個人的命運還是握在自己手中，尤其是到達讀中學的年齡了，應該夠堅強來應對命運途中的衝擊了。過分小心與照顧很可能會剝奪了他這種創造自己命運的能力呢！

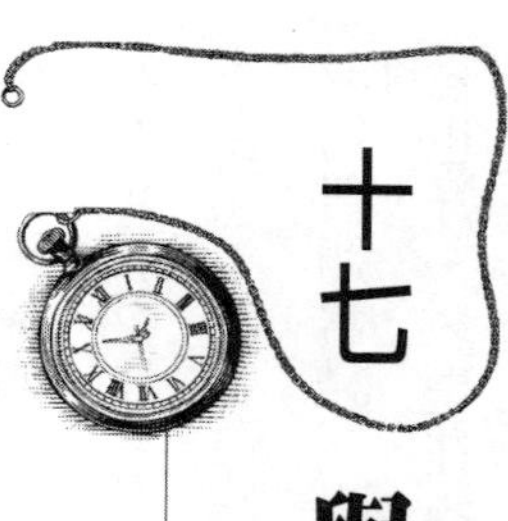

十七 與反抗期的孩子相處

關於這問題，首先我要推介另一本大地出版社爲父母們所出版的書籍——《如何引導青少年》。

絕不是爲大地出版社做廣告。事實上，大地出版社所出版的這一系列的教育叢書的確是非常實用又非常週到的。從出生到青少年各階段應注意的問題幾乎都可從這套叢書中找到答案了。我所寫的，除了自己的一點經驗外，都是根據這些心理學家的理論，而即使是這一點經驗，也是這些原理原則的實驗情形，不過，絕對不能代替那些作品。因爲，你總不能以三兩千字就概括了十餘萬言的內容

啊！

現在，容我先把最要緊的幾點概述一下：

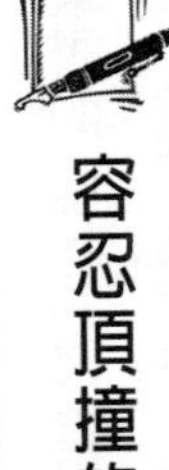

容忍頂撞的言行

孩子到了青春前期，隨了生理上的急劇變化，在心理上也欲掙脫那種種捆綁，使自己「大」到能夠自己作主。既然他們所感到的捆綁就是父母所加給他的限制，妨礙獨立的就是過去一直依賴的父母，很自然地，獨立戰爭的矛頭就朝向了父母。

過去的孩子怎樣？心裡怎樣感受？我搞不清楚，（成長在戰亂時代，一直過著逃亡的生活，沒有機會享受父母的捆綁，自然不必掙脫。）不過，至少在表面上沒有頂撞的行爲，對父母的要求也少得多，即使父母不合理的待遇也多能逆來順受地接納，現代的父母比起過去的父母對孩子是關心多了，重視多了，而且民主多了，許多有關兒童教養的新理論也隨了出版業的昌盛以及傳播工具的大眾化成爲普通常識。——很奇怪的一種現象，不管是心理學家立論也好，還是社會輿論也好，多是在挑父母的錯，即使是孩子犯了罪，也多是把指責的手指指向父

母。實情固然是實情，可是許多孩子卻也因揀拾到這些理論而理直氣壯起來。

「你們大人眞傻，整天講自己這樣不對，那樣不合理，不是鼓勵我們和你們作對嗎？」有一天，上國中的孩子看了一段這類文字後對我說。

有同學的兒子在和媽媽吵過之後，媽媽氣得發抖，他理直氣壯地說：「有什麼辦法，反抗期嘛！」

關於這一點好像已超出了我們討論的範圍，可也未始不是增強孩子頂撞言行的原因之一；也許該認眞想個辦法予以管制，免生不良影響呢！不過，它並不太可能是導致青少年問題之因，只要你自起始就採取了「多愛、關懷、寬容」的管教方式，你與他之間已建立起良好的親密關係，而且不給他過多的限制，情形多不會太嚴重。

有時候，對於他心裡明明知道是應該的，而且打算照著做了，可是嘴上卻說出頂撞的話，至少來一句「眞囉嗦」或是把門碰上，只要他照著做了，就容忍下這些不禮貌的言行，而且根本不必放在心上，更不要擔心「這樣下去怎麼得了。」因爲這只是他表示「大」的一種方式；如果你予以糾正，很可能導致更進一步的頂撞，因爲他必須感到自己不再是乖順的小孩子了才能感到「大」。

對於他的份內工作或是日常生活，他往往以「不遵守時間」來表示他的自主。等他幾分鐘，他會放下報紙來吃飯，去洗碗，或去買你等著用的太白粉的。如果情形變得很嚴重，影響到你全家的生活，那就採用一下沒有輸贏的處理方式（跟他談談，共同商定一種解決方法。譬如：何時吃飯、何時洗澡、炒菜等著用的材料必須立即去買等。）

小事情不要太堅持

「大多數孩子在這時期或多或少都會有點邋遢。」心理學家們這樣告訴我們。那，我家涵兒該是正常的了，可是那股邋遢勁眞使人受不了，——不願洗澡當然不用說了，就是臉也常常不洗，牙齒更是應付事一樣地刷兩下就好；拖鞋總是不在腳上，即使這幾天寒流來襲的日子，也是光著腳板在磁磚地上走來走去；脫下來的衣服就那樣往壁櫥裡一塞……。起先，我採用了提醒、督促的方法，於是每天放學回來，就爲了這些小事嘀咕，當嘀咕無效時，就禁不住發火，於是家中瀰漫起戰鬥氣氛。

「每天回來就聽你嘮叨！」

聽起來心裡眞不是味道。可是想想，可不是！每天七點鐘才到家，還有一大堆功課要做，只有那麼一點點時間相處，而我卻就把眼睛盯在這些小事上！

其實，如果他情願做完功課再洗澡，何必堅持先把一天的塵土與汗水洗掉再做功課？即使很可能因爲太疲倦了會沒來得及洗就睡了，也沒什麼太嚴重，對不？光腳板不太雅觀而且太冰可能出毛病嗎？前些年，鄉下不就有多少學童是打光腳上學的？算了，別太堅持，隨他一點。

奇怪，當你不催他而自己搶先進了浴室，他反而要催你快些了；當你說「算了，今天不必洗澡了」，他反而說：「那怎麼可以？」

不過，不堅持歸不堅持，你絕不能完全不管，不是怕會出什麼問題，而是可能使他意識到你「不再關心」因而形成隔閡。——天氣冷了加衣服，雨天帶雨傘，和衣而睡時叫起來脫衣蓋被，……即使你看準了他會故意抗拒，還是得管一管；不但提醒，而且強迫，而從這種爭執中所傳給他的是你的關切，絕不是干預。

服飾

在這年歲的孩子另一表現其獨立性的方式就是服飾。中等學校裡對儀容服飾有嚴格的規定，一畢業，不分男女，都把頭髮留長，就是最明顯的例子。

有的孩子愛打扮，喜歡穿漂亮的，甚至特別的衣服，有的孩子願意跟著同伴流行，而我家涵兒卻情願穿舊的、破的、髒的。為了面子，也覺得是教養的一部分，在上街或訪客時，我們總堅持他穿得稍微像樣一點，於是平添了不少爭執，往往為此鬧得堵起嘴巴，面頰上掛著淚珠，甚至乾脆不肯跟我們出門。唉！穿舊一點有什麼關係？如果他喜歡穿制服，就多做一套制服，不願意他穿得太破爛，把破爛衣服收起來不就結了？其實，他之所以如此，很可能是由於我們太重視他的衣著也說不定呢？

愛漂亮是人之常情，像我家涵兒的情形畢竟還少。大多數父母還是常為青少年期的孩子太重視服飾而傷腦筋。經濟繁榮使社會風氣趨向於奢華，孩子們難免受影響，如果同伴們都注重穿著，自然也會有這方面的慾求，如果經濟情形許可，又未違反你的原則，還是給予他適度的滿足的好。如果重視得太過分，喜歡

的又是流裡流氣的款式，連制服也改成不像制服的樣子，穿得又不規不矩的，就得注意了。

抽煙

抽煙是這年歲孩子最常發生的問題，一般中學裡都是嚴禁，是大過。而一般人總把抽煙視爲走歪路的表現。其實，社會上多少人抽煙！雖然大家都在反對抽煙，卻是由於健康的理由。抽煙的人都是品行不良嗎？當然不是。這些抽煙者都是在上了大學或到了社會上才開始的嗎？當然也不是。看了大人那樣須臾不能離地享受著能不好奇地嘗試一下的青少年實在太少了。你自己有沒有過這經驗？所以還是不要把抽煙列爲嚴重過錯吧！適時地讓他有機會嘗一嘗，以滿足其好奇心，倒是避免其在外面給人以壞印象或被處罰的好辦法，也可減少其以之爲反抗行爲而爲的因素。當然，得到用各種科學的報導分析來提醒他抽煙對身體健康的威脅，使之產生警惕，別抽上癮。

其實，讓他盡情一次，嘗到「過癮」後的頭昏、腦脹與噁心的滋味很可能有

制止的實效。——我自己的經驗是這樣。

交異性朋友

交異性朋友也是這年齡孩子使父母傷腦筋的問題。在男女社交日趨開放的現代，長得帥氣一點的男孩，漂亮一點的女孩，即使是文靜用功型的，也多沒法不被捲入校園裡的風風雨雨，而那些天性外向，不肯約束自己的孩子，就更使父母擔心了。

論起來，似乎也沒有什麼。古時候，不是十五六歲就知道眉來眼去，就論嫁娶了嗎？在三十年代，中國大陸上那種保守的社會中，中學生寫情書、情詩、談戀愛的風氣就很盛了，所不同的，古時候的女孩子似乎不必爲將來作什麼努力，結婚對男孩子的前程也不會構成障礙，而在保守的社會中的戀愛多止於寫寫情書、情詩，大方些的在一起討論討論功課，有時反而會成爲一種激勵上進的力量。現在呢？開放的社會風氣，再加上青少年的叛逆性，往往使異性的交往趨於美國式的大膽作風，如果在行爲上已有不良趨向，就很可能流於亂來了。唉，能

不擔心？

不過，擔心又怎樣？你檢查他的信件、偷聽他的電話、限制他的行動嗎？小心給予他被監視、受限制的感受，而因反抗更堅決地走入你想助他避免的陷阱中。記得高中時代有位女同學常常在書包裡放著高跟鞋、花衣服，下了課就跟男朋友看電影、跳舞去；想來父母必定非常著急，必定採取過限制的手段，後來，高中一畢業就結了婚。

「原只是隨便玩玩，家裡一反對、干預，個性倔強的我就愈不肯……」她事後這樣告訴我們。

所以當孩子長大到會收到異性朋友的信時，首先，我們得存「正常現象」的心理準備，不要太焦慮，再牢記「干預可能封閉起後路」的原則，再透過你平日對他的了解，弄清楚他所持的態度——是沾沾自喜卻不屑一顧呢？還是喜在心頭裝作無所謂？還是有著受屈、受辱與犯罪感？

如果他是屬於第一種情況，比較可以放心。這種孩子必定是個性開朗，自視相當高，而且有努力的目標，異性對他的傾慕只能增添其對自己的評價，多不會誘他採擷青澀的愛情之果來煩惱自己的。不過，人是情感的動物，這種信接多了，能夠堅定到絲毫不受影響的孩子還是比較少，至少會被擾亂得心猿意馬起來；何況，來信的內容也會由於得不到預期的反應而帶刺帶刀的；那就難免帶來傷害與困擾了。

我們做父母的該怎樣伸出援手呢？教他拒絕之術——不令對方太難堪、不太刺傷對方、卻不給予任何希望的拒絕方式就是沉默。當然，對投出愛情之箭的心而言，等待就是苦刑，可是，不會刺傷，不會燃起希望，而會使對方在等待中冷靜下來，不再希望。

處於第二種情況的孩子很可能自己也動了情，對來信者早已心儀，或來信只是談論一些比較深入的年輕人所樂於談論的文學、藝術、音樂、人生、友誼……等問題。——志趣相投的年輕人互相談論談論這一類的問題不是該鼓勵嗎？不過，「男女之間無友誼」這句話你信不信？即使在相當理智的成人社會中這句話仍然有其眞實性。（當然，浮泛的同事之誼、同學之誼不在其列）頂多做到沒有超友誼的關係，在心靈上卻絕不止於友誼，何況情竇初開的十幾歲的孩子！愛情的果實原就滿含了酸甜苦辣各種滋味，綜合起來是煩惱，是折磨；而十幾歲的孩子所採擷的愛情之果更要加上青澀，如果在行爲上稍有偏失，很可能鑄成影響終

生的錯誤，最好還是勸他不要輕易嘗試。而隔離是很有效的方法。

如果來信者是他所厭惡的或是同伴們都瞧不起的人，或是把交異性朋友視爲不軌的行爲，就可能有第三種感受。這類孩子絕大多數不可能在青少年期以交異性朋友來煩惱父母，不過，很可能日後以交不到異性朋友來使父母著急。爲預防，必須設法改變其觀點。

——前面我舉的都是處於被動的情況，如果你的孩子就是寫信者，是屬於深入一點而且動了眞情，比較麻煩，很可能會嘗到愛情的苦澀；當他爲等待或拒絕所苦而變得神不守舍時，最好懷著同情給他慰藉，不要責罵，不要訓斥，不要說教，連詢問也不要；關心他，讓著他一點，慢慢地，他會重新振作起來的，而且更成熟、更深入。

如果他只是那種輕浮少年，並不是開玩笑，卻也不怎麼當眞，就該運用你的影響力來制止他，把他的心轉移到充實自己的事物。有些女孩言行隨便，往往使自己成爲那些輕浮少年的玩笑對象，在交往時，很難把握住分寸，也就最可能發生令父母傷腦筋傷心的問題了。

一般說來，在正常情況下長大，學習有成就，對將來有理想，知道青少年是

耕耘的時期的孩子，多能安全地度過這一段激流。如果他已有了自律的能力，對情感又有著深入的了解與感受，不管他是否在這不適宜的時期交異性朋友，都不會造成巨大影響的。

十八 孩子的才藝教育

鋼琴

孩子已經五歲了，同事們都在忙著買鋼琴、送音樂班，看到我仍然沒有動靜，說了一句：「難道你就讓她玩過去？」

——玩玩有什麼不好？難道是虛度了光陰？現在的孩子喲，打上幼稚園起，就要背書包，就有寫的家庭作業，而父母又為他們安排了各種才藝教育——鋼琴、繪畫、英語、珠算、寫作、速讀……。有的孩子一、三、五是數學家教，星

期六鋼琴課，星期日又是合唱團，或寫作班，或繪畫班，假期中再從事速讀訓練、兒童英語練習、書法指導……。眞的沒有玩的時間了呢！幸？還是不幸？見仁見智。我當時的想法是：玩是兒童的權利，是童年的主要特色，不容剝奪。不過，及早啓發其才藝方面的稟賦與潛能也是父母的責任，何況，還有陶冶性情、提高氣質的作用。

談到陶冶性情提高氣質，卻也不限於彈鋼琴、繪畫。欣賞音樂、繪畫，閱讀文學作品，同樣，甚至更有力。不過，我終於還是隨了時代風把孩子送到附近教鋼琴的老師那裡去，搬一架鋼琴回家，然後每天爲使孩子坐到鋼琴前而操心、費神、氣惱。

孩子開始時很有興趣，領悟力、音感都不錯，而小手指法尤其優美，學習進行得相當順利。可是，待花了好大「力氣」把鋼琴買回來之後不久，情形就不太對勁了。——是學習高原？很可能，不過，也很可能有別的因素：

首先，外子是個公德心特強的人，絕不容許有任何妨礙鄰居的行爲。於是，清早七點前很可能有人還在睡覺，午後三點以前是午睡時間，晚上九點以後又是安靜的時間，如果在這些時間內，孩子懷著興奮跑向鋼琴，一定會被喝住的，奇

怪的是這些時間往往是孩子樂於摸琴的時間！——如果常常因彈琴被責罵，興趣必會減低吧！

其次，「花了那麼多錢爲你買來鋼琴……」的心理使我不由得非常注意鋼琴的利用。提醒、催、督促。「彈琴」！「彈琴」！彈琴成了功課，成了苦工，成了耽誤她玩樂的額外負擔。

還有，在開始時，樂譜簡單，還是我的能力所及。時間、節拍、位置……在旁邊指指點點，挑挑剔剔，——夠煩人的了，對不？

唉！當聽到樓上早早晚晚傳出的鋼琴聲來時，看到同事和女兒一起坐在鋼琴上又是彈又是唱的，我是怎樣一番心情啊！所幸我還牢記了一項重要原則：只要走就能前行。自開始就請老師不要要求得太多，進行太快；當她非常倦怠就容他懶散懶散，缺一次課，或是乾脆停一兩個月，改爲隔週上一次課等。

也許有的讀友會不太以爲然，因爲孩子都有惰性，要想有所成就必須嚴格。可是，反過來說，如果不再前行，怎會到達？孩子對才藝教育的態度，大不同於普通的學業，對普通學業，孩子可能不感興趣，可能偷懶，可是，很少提出不要上學了，至少在小學時；而多少家庭的客廳裡擺著塵封的鋼琴？因此我仍然認爲

我的原則與做法是正確的；到現在，進度是慢了些，可是仍在繼續，彈得雖然不怎麼樣，那是天份的問題，而非天才，學習的目的只是一種消遣，一種修養，也就不必計較成就了。

我總覺得時下的鋼琴教學大都趨於平板、無趣、缺少激勵。——每週一次，把指定的「功課」彈一遍給老師聽，老師指正錯誤，再規定新功課。有的老師彈伴奏，有的老師數數拍子，也有的老師坐在一邊打瞌睡；一年五十二週只有過年那一週休假，這本彈完了馬上接另一本，連個複習、考試都沒有！

有的老師是定期舉辦「發表會」，倒不失爲一種激勵的方法。不過，租場地、印節目單，既費神又費錢，還要勞動家長們；如果就在老師家中，讓學生們彼此觀摩觀摩，或是欣賞名家演奏的唱片，其作用可能更好。

其實，在學鋼琴之風如此興盛的今日，左鄰右舍，或是兄弟姊妹同事朋友間的孩子聚在一起，來一次小型演奏會，可能更方便，更有效呢！

彈琴是一種需要天賦的藝術活動，在經濟情形許可下，給予孩子一個機會是我們的職責，可是卻沒有權利硬逼他在發現沒有這方面的稟賦與興趣時，仍然繼續下去。陶冶性情？是在有興趣有成就的情況下的影響力。如果像我家老大，要

花相當長的時間，克服很多困難，才能學會一首曲子，而彈出來又完全沒有音樂感！看他掙扎著使笨拙的手指敲在正確的琴鍵上是怎樣的痛苦啊！一次再次地仍然無法彈奏出心中的節奏來時，是怎樣煩躁啊！

他煩躁、氣惱、發脾氣。而跟妹妹比起來，——雖然老師沒有明說，我覺出他在心裡說：「妹妹比你強多了。」「怎麼這麼笨！」可是，在學業上從來沒有讓父母操心，在學校裡一直爲老師所器重的他，怎麼會笨呢？這樣下去，不但在陶冶性情方面適得其反，而且怎樣損傷了他的自信，影響了他的行爲啊！

在學了三年之後，我任他停了。現在，偶爾打開琴蓋，卻連一首簡單的曲子也彈奏不出了。是損失嗎？不過，他將沒法因我們沒給他機會而抱怨了。

當然，這只是就在音樂這方面沒有特殊稟賦的孩子而論，如果孩子一開始就表現出濃厚的興趣與才賦，情形又不相同了，而且不必傷神了。在這裡我要提出的一點建議是：五歲時的音感最靈敏、最易於培養，老師太嚴並不理想，不過要認眞、有興趣、熱心，而且不要太忙。太忙的老師往往因體力精神不敷而影響教學效果，像那些坐在一邊打瞌睡的老師，要想認眞起來怎可能呢？

有的女老師，白天在學校任教，放學後收學生在家授課，如果沒有特別安

排，一會兒電話響了，一會兒郵差來了，一會兒客人來了，如果有孩子，孩子跑進跑出，或是要這要那，能專心教學？我懷疑，不過，那些作了特別安排的，又生性認眞的，就又該別論了。

目前，在台灣，兒童音樂班已相當流行了，許多父母在孩子三歲多就送去接受音樂教育了，是好是壞？不敢論斷。在啓發興趣、訓練音感方面應該有其價值，不過，那麼小就彈奏，依生理發育原理來說，很可能像過早寫字一樣，易導致指法不良的弊端吧？

繪畫

繪畫是另一種自幼稚園就可開始的才藝教育。其實，每一個孩子在這階段都喜歡塗塗抹抹，喜歡那鮮明的紅紅綠綠的顏色，而當他在紙上塗抹著時，是遊戲、是創作、也是情感的發洩。如果做父母的能夠爲他準備充分的紙張、各種畫筆，在他畫時不要指指點點，在他把作品拿給你看時，不只漠不關心地「嗯」一聲，也不問（這是什麼？那是什麼？）卻懷著讚賞張貼在特定的「揭示板」上，

有興趣地觀賞，得意地介紹給客人。——就是給了他發揮的機會了。

很多社區裡有兒童畫室，也有學校的美術老師利用假期成立兒童繪畫，那是接受繪畫教育的場所。由於很多幼稚園的老師缺少這方面的修養與知識，在教學上流於呆板——塡圖、著色、摺紙工，多不能有啓發的效能，而小學低年級的老師甚至乾脆借來上國語數學，幾乎等於沒有藝能課，孩子能有參加上述的各種繪畫活動的機會是很好的，如果指導老師又能採用合理的指導方法，就更幸運了。

所謂兒童畫貴在自我發表，在那種樸拙的創意。不是有人說有些畫「家」常從兒童畫的樸拙構圖中攝取其所謂「現代畫」的靈感嗎？因此對孩子的繪畫要求不應該是會畫什麼形狀了或會使用什麼線條了——這些是以後的事，在兒童期，重要的是願意畫，敢畫……

參觀畫展，不管是成人畫或是兒童畫，都是我們做父母的所能給孩子的另一種才藝教育，是培養興趣，也是培養欣賞力，也是學習；住在都市裡的人這種機會特別多，應該珍惜。

看畫冊是一種更方便的欣賞方式，買一點，擺在方便拿到的地方，自己也時常翻一翻，和他一起欣賞，爲他解說。

野外寫生與郊遊合併舉行，是才藝教育，也是生活情趣，如果孩子在這方面還有點稟賦，會被引發出來的，而他將來的休閒生活也會更富情趣。

也許，在這方面我所持的態度太消極了一點。「玉不琢，不成器」。有文學家，父親爲了培養其法文的能力，開始學講話就是使用法文；有音樂家，在四歲時就被迫一天苦練幾小時的鋼琴；其日後的成功是否與這種提早的、加意的訓練有關呢？很難說，我總覺得眞正的天才絕不會被埋沒，而無物能夠攔住強烈的興趣，儘管現代的教育有太多待改進之處，可是家長多在盡力給予孩子機會，應該沒什麼大礙了。強迫孩子走需要極高天賦才能走得遠，才能有所獲得藝術之路，並不是智舉。讓他待懂得抉擇時，自己選擇，我們做父母的爲他提供機會，領他上路，就很夠了，對不？

寫作

文學創作也是一種需要才氣的藝術活動，不過，普通的文字發表能力卻是作爲一個現代人所必備的生活能力之一，也是各種考試中國文科的主要項目，故很

爲一般關心子女教育的父母所重視。很奇怪的是：很多老師也許是本身在這方面也沒有什麼研究，也許是懶得花精神，也許是太重視詞句的研討與考試的訓練，對於作文的指導多嫌不夠。所謂「兒童作文班」很可能就是應此運而生。

文章寫得好的要訣原就有「多寫」一項，多一些機會練習寫，又有名師指導，當然好。只是怕指導老師求功心切，將一些寫文章的「起承轉合」公式般教給學生，無形中禁錮了孩子才氣的發揮；如果距離又遠，上一次課要三、四小時的時間，就很難說是好是壞了。

其實，學習寫作最好的老師還是「名家作品」。多讀名家作品不但能增加語文能力、表達技巧，而且也可開拓思想、提高見解，使寫作的內容充實，使生活提升、思想深入……。文章原就分爲文字與內容兩方面，沒有內容或思想浮淺庸俗，即使文字技巧很好，也稱不上好文章。因此懂得指導作文的老師必定也指導學生閱讀，鼓勵學生閱讀。你如果關心孩子的寫作能力，送不送「作文班」尙是次要問題。要緊的還是使他向名家作品學習。

關於閱讀我已經講過太多了，在這裡，我將針對「學習寫作」這目的，再贅言幾句：

首先，任何閱讀都有助於語文能力的增長，不過，不可急功、超過孩子吸收程度的作品，再「有名」也沒有用，不但沒有用，反而有害；因爲孩子很可能因爲看不懂而失去對閱讀的興趣。

再來，針對孩子可能遇到的作文題目而編寫的模範作文之類的文集不是好讀物。這類讀物的作者可能具有相當的文字能力，可是，「寫給小朋友學著寫」的想法會給他那本來就有限的想像與感受更多限制，寫出的文章必然缺少名家作品的那份創意與眞摯。

孩子們的作品反倒沒有這缺點，尤其高中以上程度，文字表達能力已有基礎，再加上眞摯的情感、深切的感受，倒常常有情文並茂的佳作。

很多兒童刊物上都有發表孩子作品的園地，很可能是稿源的問題，水準多不高。這種發表，對投稿者是鼓勵，卻不是有助於寫作的欣賞，我們常見到油腔滑調的幽默詞句，一個接一個地套用成語的筆法出現在孩子的作品中，很可能是受這類不夠水準勉強刊登出的兒童作品的影響。當然，許多爲兒童改寫的名著，也常用這種文筆。

不要認爲「名家」的作品就難懂。當然，有些作家在寫作技巧上過於新潮，

在詞句上過於雕鑿，在意境內容上過於空靈、抽象或灰暗、「成人」，這些作家的作品當然不是孩子們所能接受。可是也有很多作家以平實明暢的文筆描繪著生活中的種種，或敘說著引人入勝的故事。設法讓孩子接近他們，認識他們，他們會喜歡的。我家小滋在二年級時就成了「三毛」迷，四年級時就和哥哥爭看讀者文摘的書摘，今年寒假（五年上）認識了琦君，對琦君那敘說童年的故事大感興趣。

很多孩子都怕「大人書」，對名家的作品，甚至字多的兒童讀物都懷著抗拒心理，當我把上述的作品買回來後，所得的待遇是：「都買你們自己看的書喲！」）然後擱置在一邊，連翻一下也不。可是，當我將其中一些字句唸給他們聽過之後，就不同了。

「你自己也喜歡，也讀。」是引起孩子閱讀興趣的有力方法。如果你們倆都讀，讀過又討論。就更好了。其實，爲了辨別是否是好讀物，最好還是先瀏覽一遍，不要只是慕名。兒童讀物大致不會有問題，成人作品就很可能有不適於孩子看的內容，還是防著一點的好。

如果經濟情形許可，書還是應該買來給孩子看的，特別是名家作品；雖然他

三兩個鐘頭或一天半日就看完了，可是，一本名著是不能只看一遍的，只看一遍等於聽了一個故事，對寫作的助益不大；只有在不必急著看「後來怎樣了」的情況下，又約略知道哪裡比較精采，仔細咀嚼品味才會成爲自己的。而且一本書，由於欣賞程度的不同，其領會感受又怎樣不同呀！

寫讀書報告是增加閱讀效果的方法，只是沒有老師的規定，孩子恐怕不肯，而許多孩子寫報告又不夠用心，只是浮泛地寫寫大意、心得，效果也就不怎麼樣了。如果能鼓勵孩子學著探討一下寫作技巧，可能更有助益。

學校裡的國語課如果能就課文作一分析，應該是很有效的寫作指導。記得我在讀小學時，詞句解釋只要明白意思就好，相似詞、相反詞等幾乎沒有，可是每課都討論全篇大意、段落大意。從這種討論中自然會領會到文章的結構及各種的寫法。

我們那時的作文絕沒有因趕課、練習考試而拿回家去寫的，作文簿也不是在要寫作文時由學藝股長匆忙發下；都是占用一節課，作文簿按成績次序發，最好的發「頭卷」，當堂宣讀，給同學傳閱——比考第一名還被重視呢！而現在呢？國文老師所重視的是某一個字怎樣讀，某一個詞怎樣解釋，有些什麼相似詞相反詞的；

學生把時間花在記憶這些內容上——書上說「一樣」不能寫「相同」！唉！

話題又扯遠了。既然家長無法左右教學，就能盡多少力就盡多少力，以求彌補吧！然後，以「天才是埋沒不了的」來泰然處之吧！

其他

有的孩子在學珠算，有的在學心算，還有速讀、書法、英語、游泳……。翻開報紙，滿目都是這類以啓發兒童智力、訓練兒童某種基本能力，以奠定其學業、事業成功之基爲宗旨的「補習班」或「訓練班」，效用如何？作用怎樣？由於家住偏遠郊區，交通不便，工作又忙，孩子對補習教育又懷著排斥心理，都沒試過；既沒嘗試，也就不敢、也無權亂說話了。

不過，有一點是沒錯的：孩子的時間精力有限。所以即使訓練項目本身確有其價值，沒有副作用，如果樣樣都來，恐怕難以收到預期的效果，反而占用了原屬於童年最重要的活動——無所事事——的時間。

「無所事事」是一切創造之始，是培育想像力、思考力之機，是觀察、體會、感受、認識事事物物與自我之機。——與這些比起來，哪一種訓練能有更有價值重要的功效呢？何況，我總認為有助於學業、事業之基的因素中，最重要的還是閱讀。

當然，趁孩子音感最強的年齡使之有點講英語的基礎，可以彌補現今台灣國中英語教學之短，也可為其英語科的學習鋪一條較平坦的路子，其理由正如會說國語的孩子讀一年級成績比較好一樣。當然，如果孩子不肯用心，也是枉然。

十九 快樂的成長

噢！天下父母心！如許的愛與關懷，如許的喜悅、焦急與憂慮，如許的期望啊！

我們常常聽說：「父母的愛是沒有條件的，毫無保留的。」你爲他們忙碌辛勞，付出你生命中最好的一段歲月，自懷了他那時起，你就不再是你自己了，一切的活動都是以「他」的利益爲大前提。——餐桌上是他喜歡吃的菜，滿屋子是他喜歡的玩具與書籍，他還小時，你的休閒活動是去動物園陪他看猴子看大象，去植物園看他在草地上跑跑跳跳；待他入了學，星期假日也有一大堆功課待做

時，你輕手輕腳地忙這忙那，連電話也不隨意用，……。這一切眞的都是毫無目的的嗎？

其實，不能這麼說。雖然父母的愛的確是沒有條件的，每個父母對孩子卻都有一個期望，雖然這期望仍然是爲了孩子，卻總算是一個目的。

「要爭氣喲！」

「要有出息喲！」

這好像是在我國社會中最常用來鼓勵孩子的話，也代表著我國一般做父母的對孩子的期許。——「做大官、發大財、光宗耀祖。」是過去的觀念嗎？可是現代的「考取理想的學校、出國留學」還不是同樣意義？

然而，不負此期望的孩子眞的能使父母欣慰地放下擔子來嗎？那些在國外洗盤子洗碗只求過有汽車洋房的生活就心滿意足的，在學業上有所成就卻過著孤寂的生活的，工作不能適應、家庭不和的，更不要說那些把握不住方向、沒有原則的了。多少父母在晚年仍然沒法無牽無掛地享享清福！

因此讓我們調整一下對孩子的期許吧！讓我們把評量在教養孩子方面的績效的標準改一下吧！改爲：

看他是否具有完美的人格、崇高的理想、與擇善固執的勇氣，是否能安排豐富而有意義的生活，是否有勝任愉快的工作、和樂的家庭吧！

當然，天下沒有完美無缺的人，那就容許他有一點無關緊要的缺點吧！不過，他應該正直、勇敢、善良、積極、樂觀、有正義感、有責任心、知恥明禮、廉潔、顧念別人、又能護衛自己的權益。

理想過高雖有著不實際之虞，可是，有個高出現實、超越自我的理想是使一個人及於眞正高貴的最基本的因素，也是國家命運盛衰的關鍵，人類福祉的所依。人不能只爲自己而活著，更不能只爲物質的享受而努力。

擇善固執很可能是最需要勇氣的行爲。尤其是當衆人都選擇了「惡」，背向了你，或是向你伸出指摘訕笑的手指時，沒有頂天立地的氣魄是不易站得住腳的。

有能的人，爲全人類、爲國家、爲社會忙碌辛勞；可能貧困，可能孤寂，可能痛苦，可是豐富而有意義。平凡的人，爲家庭、爲個人努力操勞，工作之餘，從事自己興趣所在的活動，有多彩多姿的休閒生活，使生活中充滿了樂趣，同樣地是豐富而有意義。

工作勝任愉快是過快樂生活的要件之一。不管工作的性質如何（當然應該是

正當的），要緊的是有足夠的能力，而且肯認眞去做。有些青年人喜歡接受挑戰，很好，不過必須是在自己的性向與專長範圍之內。工作無貴賤，在對自己有相當了解之後，選擇並培養一種或數種工作能力是相當重要的。

和樂的家庭——正確地選擇組成家庭的另一半是和樂家庭的起點，而他的爲人、性格、工作……等等皆是決定家庭是否和樂的條件，而和樂的家庭不只是你的孩子的幸福所歸，也是你的孩子的孩子的將來之源。

——以上只是我所想到的幾點，當然不夠，希望你，讀友們，自己繼續想想看，把自己對孩子的期望列出來，然後設法幫助他達到彼境界，——成爲一個快樂富足的人。

國家圖書館出版品預行編目資料

我帶孩子的經驗／枳　園著；　-- 二版.
-- 臺北市：大地，2004〔民93〕
面；　公分. --　（教育叢書；7）

ISBN 957-8290-88-8（平裝）

1. 育兒

428　　　　　　　　92011515

教育叢書 07

我帶孩子的經驗

作　　者：枳　園
創 辦 人：姚宜瑛
發 行 人：吳錫清
主　　編：陳玟玟
美術編輯：黃雲華
出 版 者：大地出版社
社　　址：台北市內湖區內湖路2段103巷104號1樓
劃撥帳號：0019252－9（戶名：大地出版社）
電　　話：(02)2627－7749
傳　　真：(02)2627－0895
E-mail：vastplai@ms45.hinet.net
印 刷 者：久裕印刷股份有限公司
二版一刷：2004年3月
定　　價：200元